农作物高效栽培模式丛书

玉米高产高效栽培模式

李少昆　刘永红

崔彦宏　高聚林　王克如

王俊忠　王延波　谢瑞芝

薛吉全　杨祁峰　张东兴　等著

研究与参著人员

（按拼音排序）

崔彦宏	杜　雄	高聚林	赖军臣	李付立	李　奇	李少昆
李艳杰	李　银	李　卓	刘慧涛	刘武仁	刘永红	路海东
马国胜	宋慧欣	王彩芬	王克如	王俊忠	王小春	王延波
王永宏	王志刚	谢瑞芝	熊春蓉	薛吉全	杨祁峰	杨　勤
杨文钰	岳　云	赵海岩	赵　健	张东兴	张　林	张仁和
			张相英			

主　审

王振华

金盾出版社

内 容 提 要

本书由中国农业科学院作物科学研究所和玉米主产区相关单位的专家联合撰写,精选了我国各玉米主产区的25种正在应用推广的高产高效栽培模式。每种模式均是根据当地生态特点量身打造,经过实地大面积推广检验获得成功的配套栽培技术;均是由增产增效效果与原理、技术要点、适宜区域和注意事项等内容有机组合而成,具有实用性和可操作性强、增产增效明显等特点。

本书适合玉米种植户、农业技术人员学习使用,亦可供主管玉米生产的行政人员和农业院校相关专业师生阅读参考。

图书在版编目(CIP)数据

玉米高产高效栽培模式/李少昆,刘永红等著 . —北京:金盾出版社,2011.2(2018.4 重印)

(农作物高效栽培模式丛书)

ISBN 978-7-5082-6787-6

Ⅰ.①玉… Ⅱ.①李…②刘… Ⅲ.①玉米—栽培 Ⅳ.①
S513

中国版本图书馆 CIP 数据核字(2011)第 006413 号

金盾出版社出版、总发行

北京市太平路 5 号(地铁万寿路站往南)

邮政编码:100036 电话:68214039 83219215

传真:68276683 网址:www.jdcbs.cn

北京天宇星印刷厂印刷、装订

各地新华书店经销

开本:850×1168 1/32 印张:7.25 字数:198 千字

2018 年 4 月第 1 版第 6 次印刷

印数:23 001~27 000 册 定价:24.00 元

前　言

　　玉米是粮食、饲料、加工、能源多元用途作物，被誉为21世纪的"谷中之王"，自2001年起玉米成为全球第一大作物。在我国，玉米的种植面积占第一位，产量仅次于水稻，处于第二位。饲料、加工业的需求，特别是近期以玉米为原料的生物燃料——乙醇的迅速发展，已形成全球玉米需求持续增长的基本格局。我国幅员辽阔，玉米种植模式多样。目前玉米生产中普遍存在水肥资源利用效率低、机械化程度低、技术到位率低，产量不高、生产成本高、品质差或高产不高效等问题，导致玉米市场竞争力差。高产高效将是今后玉米生产长期追求的目标。

　　为确保国家粮食安全和农民增产增收，农业部自2004年组织实施了四大粮食作物综合生产能力科技提升行动，2005年正式启动全国农业科技入户示范工程。在项目实施过程中，项目组依托玉米科技入户构建的"部、省、县的专家－技术指导员－科技示范户－广大农户"工作网络，组织各实施省、示范县专家和技术人员，分区域探讨了玉米生产潜力、制约因素，制定了主要生态区玉米生产技术创新与扩散的优先序；在典型生态区开展了增密高产、膜侧栽培、适雨播种、适时晚收、保护性耕作、水肥耦合高效管理和轻简栽培等关键技术的研究，集成创新了丘陵地区"玉米集雨节水膜侧栽培技术"、北方"春玉米早熟、矮秆、耐密种植技术模式"等多套玉米高产高效种植新模式，这些新技术、新模式大多被确立为农业部、实施省和示范县的主推技术，在生产中得到大面积推广。本书以这些最新研究成果为主汇集而成。

　　本书由李少昆、刘永红研究员和农业科技入户示范工程各实施省玉米首席专家及其团队成员等著，全书由东北农业大学王振华教授主审。本书的出版得到了农业部农业科技入户示范工程、国家玉米产业技术体系、农业科技成果转化基金"典型生态区玉米高产高效生产技术集成与示范推广"、农业部优势农产品重大技术推广"玉米主产区分区域目标产量高产高效技术规范体系集成与示范推广"等项目的支持，各地专家提供了大量的玉米高产高效生产模式的资料、建议和帮助，在此一并表示感谢！

本书较为全面地归纳总结了目前我国玉米高产高效种植的新模式，由于编者水平有限，书中缺点在所难免，恳请读者提出宝贵意见和建议。

著　者

目 录

一、夏玉米直播晚收种植技术

黄淮海夏玉米种植区以"冬小麦—夏玉米一年两熟"种植制度为主,夏玉米播种期和收获期受前茬冬小麦收获期和播种期影响。近年来,随着全球气候变暖,无霜期延长,可使小麦的适宜播种期相对后移。此外,随着小麦、玉米生产机械化作业水平的不断提高,播种和收获作业效率显著提高,使得两茬作物之间农耗时间明显缩短。

黄淮海地区,普遍存在积温不足、热量资源紧张等问题,导致夏玉米生长时间有限、籽粒灌浆时间缩短、千粒重偏低,品种生产潜力难以充分发挥。而在生产当中,又普遍存在玉米收获时间偏早、玉米为小麦让路等现象,在一定程度上制约了生产水平的提高。因此,黄淮海夏玉米种植区在有限光热资源条件下如何提高光热资源利用效率、有效延长玉米生长时间和籽粒灌浆期、充分挖掘粒重潜力,对于实现该区域夏玉米高产高效具有重要意义。夏玉米直播晚收种植技术的目的就是抢时播种并最大限度地延长玉米籽粒发育期。

(一) 增产增效原理与效果

1. **抢时早播为实现夏玉米的稳健生长打下了良好基础** 在小麦收获以后,抢时早播是构建夏玉米高产稳健群体的重要前提条件。研究表明,早播群体植株生长稳健,株高和穗位明显低于晚播,降低了发生倒伏的风险。早播可提高群体最大叶面积指数,减缓籽粒灌浆后期叶片的衰亡。

2. **早播可有效促进植株干物质的积累** 早播可提高玉米各生育阶段光合势、群体总光合势及花后群体光合势,进而可显著提高群体干物质积累量，特别是花后群体干物质积累量。

3. **早播有利于雌穗的穗分化** 据试验，早播条件下雌穗穗分化时间长，有利于形成大穗。播种时间每推迟 5 天，穗分化时长缩短 1 天；早播条件下雌穗吐丝日期早，可有效延长籽粒的灌浆时间；播期每提前 1 天，夏玉米的吐丝期可提早 0.5 ～ 1 天（平均 0.74 天）（图 1-1）。

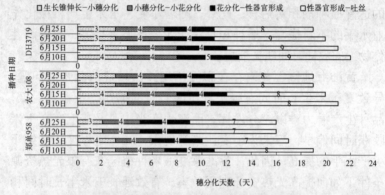

图 1-1 播种期对夏玉米穗分化的影响

4. **早播有利于穗花发育** 提早播种可显著提高果穗总小花数、吐丝小花数、受精花数和有效粒数，减少籽粒败育，有利

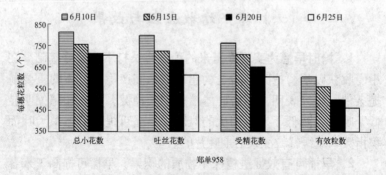

郑单958

图 1-2 播种期对玉米穗花形成的影响

2

于形成大穗、提高穗粒数。而播期后延缩短了拔节到吐丝的持续时间，生殖器官的发育速度加快，穗分化时间缩短，导致小花数和粒数减少，败育率提高（图1-2）。

5. 早播和适时迟收可有效延长籽粒灌浆时间，提高千粒重 通过早播，可有效提高籽粒的灌浆强度，延长灌浆高值持续期，提高线性增长期的籽粒干物质积累量。每早播1天，籽粒灌浆时间可平均延长0.74天，千粒重提高1.22～1.75克，产量增加3.3～17.3千克/667米^2。

延迟收获可提高籽粒的成熟度，籽粒乳线由传统收获时的1/3～1/2增加到1/2～4/5以上。每晚收1天千粒重提高4.18～5.66克，产量增加10.1～11.4千克/667米^2。在有限光热资源条件下延迟收获是挖掘粒重潜力的重要途径（图1-3至图1-5）。

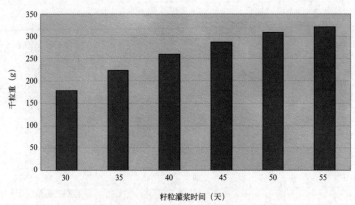

图1-3 夏玉米晚收对千粒重的影响

（3个品种、4个播期平均）

6. 早播和晚收可有效提高光热资源利用效率 早播和晚收均可有效提高夏玉米光热资源利用效率。夏玉米生育期间，有效积温每增加1℃，平均每667米^{2}可增产0.126～0.307千克。播期相同时，收获期每推迟5天，积温生产效率最高可提

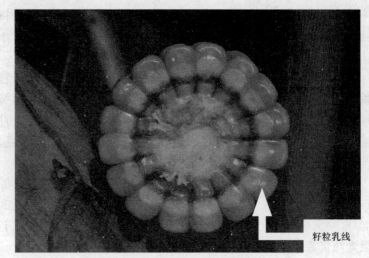

籽粒乳线

图 1-4　籽粒乳线位置

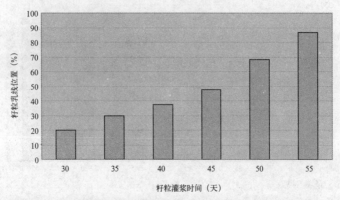

图 1-5　夏玉米晚收对籽粒成熟度的影响（品种为郑单 958）

高 13.3%，光照生产效率提高 3%～11.84%。收获期相同时，播期每提早 1 天，有效积温生产效率提高 1%～2.88%，光照生产效率提高 0.46%～3.06%。通过早播和推迟收获的技术策略，夏玉米积温生产效率提高 5%～14.4%，光照生产效率提高 2.3%～15.3%。

(二）技术要点

1．品种选择 黄淮海南部地区选用中晚熟高产紧凑型玉米品种，花后群体光合高值持续期增长，中穗、耐密、抗倒、抗病、活秆成熟，生育期 105 ~ 110 天，活动积温 2 200℃ ~ 2 500℃，当前代表性品种有郑单 958、农大 108、鲁单 981、登海系列品种等。黄淮海中北部地区选用丰产性能好、抗倒能力强、增产潜力大的紧凑耐密型中熟或早熟品种，如郑单 958、浚单 20、先玉 335 等，生育期在 95 ~ 100 天。

2．麦秸和残茬处理 麦秸和麦茬对夏玉米播种质量及幼苗的生长均会产生一定影响。小麦留茬过高，遮光会严重影响玉米幼苗的生长发育，植株长势弱，并容易形成高脚苗，抗倒伏能力降低。小麦机械收获时留茬高度一般应控制在 20 厘米以下。小麦收割要尽可能选用装有秸秆切碎和抛撒装置的小麦联合收割机作业，将粉碎后的麦秸均匀地抛撒在地表并形成覆盖。如采用没有秸秆切抛装置的收割机作业，小麦秸秆常常会成堆或成垄堆放，对玉米播种质量影响较大。因此，在播种玉米之前需要人工将秸秆挑散并铺撒均匀，或者将麦秸清理出农田。对于留茬比较高的地块，播种前可用灭茬机械先进行一次灭茬作业，然后再播种玉米。

3．抢时早播 麦收后抢时早播，行距 60 厘米左右，也可采取 80+40 厘米宽窄行种植方式。有条件的地方可选用单粒点播机械进行精量播种，保证苗全、苗齐、苗壮。播种时播种机作业速度一般不超过 4 千米／小时，以防止漏播，保证播种质量。黄淮海南部在 6 月 10 日前播种，中北部地区在 6 月 15 日前完成播种。但在粗缩病发病重的地区应适当晚播。播种后视土壤墒情浇蒙头水，灌水量每 667 米^2 60 米^3，以保证正常出苗。

4．合理密植 建立合理的群体结构、保证群体密度和整

5

齐度是高产栽培的关键。紧凑耐密型品种叶片上冲，叶向值大，适宜密植，适宜密度为 5 300～5 500 株/667 米^2，而且要保证植株群体整齐度，行与行、株与株之间分布均匀。

5．合理施肥　土壤有机质在 1%以上的高产田，按每生产 100 千克籽粒需氮 2.6～2.7 千克，五氧化二磷 1 千克，氧化钾 2.4～2.5 千克计算施肥量。磷肥、钾肥和氮肥的 20%～30% 在播种时施用，大喇叭口期追施全部氮肥用量的约 50%，开花期补施氮肥总量的 20%～30%。肥料深施，以提高肥效。

6．化学除草　对于秸秆覆盖量不太大、基本上没有麦田遗留杂草的地块，可直接采用播后苗前一次性"封闭"除草。进行"封闭"除草时，土壤湿度要适宜，还要注意不得漏喷和重喷。对于秸秆覆盖量较大的地块，可适当加大对水量。对于有少量麦田遗留杂草的地块，在进行苗前一次性"封闭"除草的同时，每 667 米^{2}可增加 20%百草枯水剂 200～250 毫升，或 10%草甘膦水剂 200 毫升，混合均匀后均匀喷雾。对于麦茬较高、麦田遗留杂草较多的地块，直接采用播后苗前一次性"封闭"除草的效果往往不太理想，可在玉米出苗后进行除草。苗后除草应在玉米 3～5 叶期进行，玉米 5 叶期以后再施药容易发生药害。在施用苗后除草剂时，一定要注意不要喷在玉米幼苗上，以防引起药害。

7．防治病虫害　夏玉米的虫害主要包括苗期的蓟马、二代黏虫、棉铃虫、耕葵粉蚧等，穗期的玉米螟（钻心虫），花粒期的蚜虫等；病害主要有粗缩病、褐斑病、瘤黑粉病等。玉米病虫害的防治坚持"预防为主、综合防治"的原则。

8．适时晚收　可根据籽粒乳线的位置判断籽粒成熟程度，在不影响下茬小麦正常播种的前提下，应尽量推迟夏玉米的收获时间，籽粒乳线位置越靠近基部，收获时千粒重越高。黄淮海南部地区保证灌浆期 55 天以上，中北部地区保证 45～50 天的灌浆期。在黄淮海夏玉米区，应尽量保证有 50 天左右的灌浆时间，收获期在 10 月 1 ~ 5 日为宜，过晚则由于气温降低而增产不明显。

（三）适宜区域与注意事项

该项技术适宜在黄淮海夏玉米种植区推广应用，应用时需要注意以下几个问题。

1．选用生育期适中的品种 选用生育期稍长的品种、适当晚收虽然可以在一定程度上延长籽粒灌浆时间、提高千粒重，对于挖掘该区域玉米生产潜力具有重要作用。但黄淮海夏播区玉米生长时间受下茬小麦播种以及秋季气温的双重影响。特别是进入 10 月份以后，温度下降较快（特别是北部地区），生育期长的品种往往表现为吐丝时间和籽粒开始灌浆时间晚、灌浆速率慢等特点，当气温低于 16℃以后，籽粒灌浆缓慢或停滞，不利于该类品种粒重潜力的发挥。因此不宜选择生育期过长的品种。

2．防止后期叶片早衰 叶片早衰是限制玉米高产的重要原因之一。玉米晚收的前提条件是后期仍然保持较高的绿叶面积，仍然能够制造一定的同化产物供给籽粒灌浆，否则晚收将失去意义。研究表明，花粒期补充氮素或推迟花期追肥可提高籽粒灌浆后期叶片的光合作用能力，延缓叶片早衰，促进籽粒灌浆。

二、夏玉米麦茬免耕覆盖直播技术

　　黄淮海夏播玉米区以"冬小麦－夏玉米一年两熟"种植制度为主。该地区夏玉米的种植大致经历了回茬播种、麦田套种和麦茬免耕播种3种不同的方式。在20世纪70年代之前，夏玉米种植以回茬直播为主，即在小麦收获以后，先经过耕地和整地作业，然后再播种玉米。这种种植方式虽然土壤状况较好，有利于出苗，但存在多种弊端。一是费工费力，生产成本高；二是耕地和整地作业耗费农时，缩短了玉米的有效生长时间，这在热量资源不足的地区尤为突出；三是播种期的延迟容易使种子萌发和出苗期间赶上夏季降雨，而经过耕地和整地作业后的土壤蓄水能力又较强，夏玉米极易遭受芽涝的危害；四是容易造成水土流失。到20世纪70年代以后，麦田套种成为该地区夏玉米主要的种植方式。麦田套种是在收获小麦之前在小麦行间人工点种玉米的一种种植方式，其主要作用就是通过提早播种来争取热量资源，通过延长玉米生长期来提高产量。但该种植方式也存在一些缺点，一是人工点种时播种深浅和踏实程度不一致，导致出苗整齐度差，容易出现大小苗。二是玉米幼苗和小麦的共生期长，受共生期间高温、寡照等条件的影响，玉米幼苗长势弱。三是小麦收获作业期间玉米幼苗受到一定损伤，保苗困难。此外，人工点种劳动强度大，生产效率低，不利于机械化生产的发展。到20世纪80年代中期，麦茬免耕直播技术开始出现，之后在生产上逐渐推广应用，特别是随着小麦收获机械和玉米播种机械的普及，夏玉米免耕播种的面积越来越大。

　　麦茬免耕直播技术在河北省推广应用较早，目前该项技术已经非常成熟。近年来，在河北省3 000多万亩夏玉米区已普及应用，在山东省和河南省的推广面积也在迅速扩大，据统计，2008年，已达到总播种面积的80%以上。此外，在苏北、皖北、晋中及关中地区也有一定的推广和应用。由于该技术具有简约、节本、环境友好等多项优点，深受农民欢迎。

（一）增产增效效果

夏玉米麦茬免耕栽培技术具有田间作业简单、省工、节本等诸多优点，增产、增收效果显著。与回茬播种相比，麦茬免耕直播播种方式省略了耕地、整地、施用底肥等田间作业项目；与麦田套种播种方式相比，麦茬免耕直播播种方式省略了人工点播、施用苗肥等田间作业项目。如果选用带有秸秆粉碎和切抛装置的小麦收割机收获小麦，则可省略麦秸处理或灭茬作业；如果玉米播种时选用单粒点播机，则可省略间苗和定苗作业，只需要进行机械播种（并同时施用种肥）一项田间作业。

实际生产中，与玉米回茬种植相比，玉米免耕直播栽培每667米^{2}节省人工1.5个，节省人工费用67.5元，且节省生产费用30元，共计节省投入97.5元，加上增产部分（可增产10%以上），每667米^{2}节支增收100元以上。

（二）增产增效原理

与传统的回茬直播和麦田套种相比，麦茬免耕覆盖直播栽培技术的增产增效原理主要体现在以下几个方面。

1. 减少农耗时间、争取农时　免耕直播栽培技术可以在小麦收获后抢时播种，省去耕地和整地作业，节省耕作时间，有利于提早播种，特别是在热量资源不足的地区，可以有效延长夏玉米的生长时间。研究表明，麦茬免耕直播的播种期比回茬播种平均提早3～5天。

2. 提高播种质量和幼苗整齐度 采用免耕播种机播种，可保证播种深浅、株行距和覆土均匀一致，下籽均匀，覆土严密，镇压良好，出苗和幼苗生长整齐一致（图 2-1，图 2-2）。

图 2-1 麦茬免耕直播玉米苗期状况

图 2-2 麦茬免耕直播玉米高产田拔节期长势

3. **利于机械化作业、提高劳动生产效率**　免耕播种机可一次性完成破茬、开沟、播种、种肥施用、覆土、镇压等作业工序。与回茬相比，免耕播种减少了耕地、灭茬、施用苗肥等生产环节，采用单粒点播机还可减少间苗和定苗等管理环节，降低劳动强度，节约生产成本，节省劳动力，使播种作业时间缩短，显著提高劳动生产率（图2-3）。

图2-3　麦茬免耕机械播种玉米

4. **秸秆还田可以提高土壤肥力**　麦茬还田后，由于夏季高温多雨，腐解迅速，可增加土壤有机质，提高土壤肥力，改善土壤结构。秸秆免耕覆盖的土壤速效氮、速效磷、速效钾均有所提高。

5. **麦秸和残茬覆盖可以减少土壤水分蒸发**　麦秸和残茬覆盖可以有效降低玉米田土壤水分的散失，减少雨季地表径流，提高土壤的保墒性能。有研究表明，采用完全覆盖可使玉米的耗水减少27.6%，1米土体内土壤含水率提高37%。免耕覆盖夏玉米主要是有效地减少了前期土壤水分棵间无效蒸发，并增加了后期植株的有效蒸腾，变非生产性耗水为生产性耗水。秸秆覆盖的"前保后供"用水效果保证了夏玉米产量和水分利用效率的显著提高（图2-4）。

图2-4　田间秸秆覆盖状况

6．**减少耕整地作业，有利于保护环境**　减少耕整地作业可减轻土壤流失，秸秆还田还可以避免因秸秆焚烧而引起的环境污染。

7．**提高幼苗素质**　免耕机播可使幼苗分布均匀，单株营养面积、光照等条件分布合理。在播种的同时可施用少量氮、磷、钾肥作种肥，充分满足幼苗对矿质养分的需求，有利于提高幼苗素质。

8．**避免芽涝危害**　免耕播种的玉米由于播期提早，使种子萌芽至出苗期与汛期错开，等汛期到来时已形成健壮的植株，抗涝能力明显提高，从而有效避免因芽涝造成的危害。

9．**麦茬可有效抑制杂草生长**　免耕播种的夏玉米由于在田间采用麦秸覆盖，可在一定程度上抑制杂草的发生。有研究表明，麦秸覆盖对夏玉米田间杂草的抑制效果可达到

49.11% ~ 96.11% ，而且麦秸越细碎、覆盖越均匀，对杂草的抑制效果越好。

(三) 技术要点

1. 麦秸和残茬处理　麦秸和麦茬对夏玉米播种质量及幼苗的生长均会产生一定影响。因此，在小麦收割期间和玉米播种之前，需要注意对秸秆和残茬的处理。

(1) 小麦留茬高度　小麦留茬高度影响夏玉米的出苗和幼苗质量。小麦留茬过高造成遮光会严重影响玉米幼苗的生长发育，使植株长势弱，并容易形成高脚苗，使幼苗的抗倒伏能力降低。小麦机械收获时一般应将留茬高度控制在 20 厘米以下。此外，高留茬的田间覆盖效果低于秸秆粉碎后的覆盖效果 (图 2-5)。

图 2-5　小麦留茬过高影响玉米幼苗生长

⑵麦秸处理　　小麦收割时要尽可能选用装有秸秆切碎和抛撒装置的小麦联合收割机作业，将粉碎后的麦秸均匀地抛撒在地表并形成覆盖层。如采用没有秸秆切抛装置的收割机作业，小麦秸秆常常会成堆或成垄堆放，对玉米播种质量影响较大。因此，在播种玉米之前需要人工将秸秆挑散并铺撒均匀，或者将麦秸清理出农田。对于留茬比较高的地块，播种前可用灭茬机械先进行一次灭茬作业，然后再播种玉米（图2-6）。

图2-6　将秸秆挑散并铺撒均匀

2．免耕播种技术

⑴品种选择及种子处理　　黄淮海夏播玉米区适宜选择产量潜力高、抗逆力强，通过国家或当地审定推广的耐密型品种，生育期在95～105天，如郑单958、浚单20等。所选种子应达到国家大田用种种子质量标准以上，种子要经过精选和包衣处理。

⑵播种时期　　黄淮海夏播区热量资源紧张，玉米生长时间短，抢时早播对于实现夏玉米高产具有重要意义。在收获前茬

14

小麦后要及时抢播，以充分利用有效积温，保证玉米成熟。在河北省播种期一般应在 6 月 13 ～ 18 日完成，力争早播。河北农业大学近年研究表明，夏玉米播种时间每推迟 1 天，每 667 米^{2}玉米减产 5.12 ～ 7.73 千克。但在粗缩病发病重的地区，夏玉米应适当晚播。特别是蒜茬、油菜茬等夏播玉米应推迟到 6 月中旬以后。

在"三夏"期间，应对小麦收割机和玉米免耕播种机进行合理调配，力争当天完成小麦机收和玉米机播，实现"零农耗"。

(3) 提高播种质量 由于小麦收获后土壤表面较干、较硬，另外麦秸和麦茬也给播种作业带来一定难度。因此，提高播种质量成为夏玉米免耕直播技术的关键。播种时要做到"深浅一致、行距一致、覆土一致、镇压一致"，播种机行进速度要均匀、平稳，行进方向要平直，作业速度要严格控制在 4 公里／小时以内，防止漏播或重播。

3. 化学除草技术 免耕播种夏玉米田的化学除草可分为播后苗前除草、苗后除草及中期行间定向除草 3 种方式。由于受到麦秸覆盖以及麦田遗留杂草的影响，播后苗前单纯的"封闭"除草效果往往不太理想，常常采用"封杀"相结合的除草策略。

(1) 播后苗前除草 对于秸秆覆盖量不太大、基本上没有麦田遗留杂草的地块，可直接采用播后苗前一次性"封闭"除草。进行"封闭"除草时，土壤湿度要适宜，还要注意不得漏喷和重喷。对于秸秆覆盖量较大的地块，可适当加大对水量。对于有少量麦田遗留杂草的地块，在进行苗前一次性"封闭"除草的同时，每 667 米^{2}可增加 20% 的百草枯水剂 200 ～ 250 毫升，或 10% 的草甘膦水剂 200 毫升，混合均匀后均匀喷雾。

(2) 苗后除草 对于麦茬较高、麦田遗留杂草较多的地块，直接采用播后苗前一次性"封闭"除草的效果往往不太理想，可在玉米出苗后进行除草。苗后除草应在玉米 3 ～ 5 叶期，每 667 米^{2}用 4% 烟嘧磺隆 60 ～ 70 毫升，对水 30 ～ 50 升均匀喷施。

(3) 中期行间定向除草 对于前期未进行化学除草或除草效果较差的田块，可在玉米生长中期进行行间定向除草。目前常用的行间定向除草剂主要是百草枯等。每 667 米^2 可用 20% 百草枯水剂 150 ~ 200 毫升，对水 30 ~ 50 升，均匀喷施到杂草茎叶上。进行定向喷施时一定要安装防护罩，注意不要将药液喷洒到玉米茎叶上，以防发生药害。

4. 施肥技术

(1) 施肥种类 免耕播种夏玉米要注意氮肥和钾肥的配合施用，可适当考虑锌肥和锰肥的施用。免耕播种夏玉米的施肥指导原则为"重施氮钾肥、酌施磷肥、补施锌锰微肥"。

(2) 施肥量 夏玉米的施肥量受产量水平、土壤肥力、施肥水平、气候条件等多种因素影响，百千克籽粒需肥量相对稳定，可作为确定施肥量的重要参考指标。可根据土壤供肥能力和肥料当季利用率来计算需要施用的氮、磷、钾肥料量。锌肥和锰肥的施用量较少，一般每 667 米^2 施用硫酸锌 1 ~ 1.5 千克、硫酸锰 1 ~ 1.5 千克。

(3) 施肥时期 免耕播种夏玉米一般采用种肥、穗肥 2 次施肥或种肥、穗肥、花粒肥 3 次施肥的施肥策略。2 次施肥适用于一般大田生产条件，3 次施肥主要适用于高产田。目前生产上有种肥一次性施用的做法，但存在种肥烧苗、肥料浪费严重、后期容易脱肥等弊病。因此，在缓释肥产品和使用技术尚不过关的情况下，目前不宜提倡在播种时一次性施肥。

①种肥 一般以氮磷钾复合肥为主，施用量不宜过多，一般控制在每 667 米^{2}15 ~ 20 千克之内。种肥一定要与种子分开，一般施在种子侧下方 5 厘米处，以免引起烧苗。

②穗肥 大喇叭口期追施，以速效氮肥为主。追肥量可根据地力、苗情等情况来确定，穗期追氮量一般占玉米一生所需氮肥的 50% ~ 60%。追肥方式：可在行侧开沟或在植株一旁开穴深施，切忌在土壤表面撒施，以降低肥料损失。

③花粒肥　抽雄至吐丝期间追施，主要适用于高产田。在籽粒灌浆开始后补充植株养分，防止后期植株早衰、促进籽粒灌浆、提高千粒重。花粒肥以速效氮肥为宜，追氮量一般占玉米一生所需氮肥的 10% ~ 15%。

5. 灌溉技术　夏播玉米在生长发育期间，需水高峰期与降雨高峰期基本吻合。因此，夏玉米在生长发育期间以高效利用自然降雨为主，但在播种后一般需要浇"蒙头水"。即在收获小麦后先抢时播种夏玉米，然后再浇水（农民称之为"蒙头水"）。"蒙头水"一定要保证浇好、浇足，以保证玉米种子能够正常萌发和出苗。

6. 病虫害防治　由于免耕播种夏玉米的生长发育期处于高温、多雨季节，因此病虫害的发生相对较重。黄淮海夏播玉米的虫害主要包括苗期的蓟马、二代黏虫、棉铃虫、耕葵粉蚧等，穗期的玉米螟（钻心虫），花粒期的蚜虫等；病害主要有粗缩病、褐斑病、瘤黑粉病等。玉米病虫害的防治应坚持"预防为主、综合防治"的原则。

（四）适宜区域与注意事项

该栽培模式适宜在黄淮海夏播玉米种植区推广。在应用时需要注意以下几个方面的问题。

1. 种肥烧苗问题　近年来，随着带有施肥装置的夏玉米免耕播种机的推广和应用，夏玉米种肥的施用越来越普遍，但随之而来的问题是因种肥施用不当而引起的烧苗现象也越来越常见。在施用种肥时，一定要尽量用氮磷钾复合肥，施用量不宜太多，另外种肥要与种子至少隔开 5 厘米以上。

2. 除草剂药害问题　免耕直播条件下，由于麦田遗留杂草以及麦秸和麦茬的遮挡，播种后一次性"封闭"除草的效果往往不太理想。因此，麦茬免耕栽培条件下玉米田苗后除草的技术有利于普及。与此同时，由于农民对苗后除草剂的选择以及对用药时期和用药浓度把握不好，导致苗后除草剂药害频繁发生。在使用苗后除草剂时，一定要根据需要防治的主要杂草种类来选择适宜的除草剂，掌握好用药时期和用药浓度，在喷药时一定要在喷雾器上加装防护罩，尽量避免药剂随风飘移或直接喷在玉米植株上面。另外要避免重复用药。

3. **播后灌溉问题**　免耕直播技术方法简便，作业效率高，在较短时间内即可完成大面积的播种作业。但由于玉米播种期较为集中，播种后的急需灌溉与轮灌周期的矛盾突出。有的地方在完成玉米播种后轮灌一遍需要一周左右的时间，致使玉米播后种子不能及时萌发和出苗。解决好播种后灌溉用水供需矛盾的关键是制定科学、合理的灌溉管理制度，尽量减少无谓的时间消耗，缩短轮灌周期。

4. **病虫害防治**　在免耕覆盖栽培条件下，容易引起一些新发病虫害，有些病虫害则有加重趋势，如耕葵粉蚧、蟋蟀、蓟马、瑞典蝇、顶尖腐烂、茎腐病等，应加强对常发病虫害和新发病虫害的监测与预报工作。另外，在进行免耕栽培3～4年后应适当进行一次深翻。

三、关中灌区小麦玉米
高产高效一体化栽培技术

冬小麦、夏玉米一年两熟是陕西关中灌区的主体种植模式。针对该区气候、生态条件和限制小麦、玉米高产高效的障碍因素，依据作物生长发育、产量形成与气候资源的关系及冬小麦、夏玉米高产栽培生理规律，西北农林科技大学等单位运用系统工程的原理和方法对冬小麦、夏玉米周年农艺措施进行统筹安排，在总结过去及前人研究结果的基础上，提出了关中灌区小麦玉米高产高效一体化栽培技术模式，实现了小麦玉米两作产量和效益的整体提升，在陕西省玉米科技入户工程、玉米高产创建活动中进行示范推广，取得了显著成效。

（一）增产增效效果

经陕西省农业厅组织专家现场实测，2008 年临渭区万亩玉米示范方平均 667 米^2 产量为 623.3 千克，千亩示范方平均 667 米^2 产量为 687.3 千克，百亩示范方平均 667 米^2 产量为 705.0 千克，较大田生产平均 667 米^2 增产 100 千克以上。临渭区 6.96 亩夏玉米高产攻关田，平均 667 米^2 产量达到 830.3 千克，创造了陕西关中夏玉米最高纪录。2009 年高陵县、临渭区实施的 4 个夏玉米万亩高产创建示范方，667 米^2 产量分别达到 610.1 千克（临渭区田市镇）、620.0 千克（临渭区下吉镇）、642.63 千克（高陵县高永路）和 639.05 千克（高陵县高交路），比当地玉米增产 25% 以上；4 个夏玉米百亩高产示范田，每 667 米^2 产量分别达到 768 千克（临渭区田市镇黑杨村）、731 千克

（临渭区下吉镇新店村）、717.2千克（高陵县通远镇史喻村三组）和720.6千克（高陵县湾子乡东张市村田王组），实现了陕西关中夏玉米百亩连片667米^{2}产量超过700千克的纪录；2010年泾阳县燕王乡、中张镇2个乡镇10 900亩平均667米^{2}产量达到703.5千克，在陕西夏玉米区率先实现了万亩大面积玉米单产超过700千克，创造了陕西省夏玉米的高产纪录。

（二）增产增效原理

1. 小麦玉米一体化栽培的原由　西北农林科技大学多年的生产实践与试验研究发现，影响关中灌区小麦玉米两茬高产高效的主要限制因素是光温资源在两茬作物间的配比不合理，水肥投入普遍过大，资源利用效率不高，主要表现在小麦、玉米高产栽培与资源高效利用的研究相互脱节，以水肥投入为主要措施的田间管理导致了水肥施用过量，利用率低，生态环境严重恶化，生产成本增加，因此要提高关中灌区小麦玉米两茬的产量和效益，需要对冬小麦、夏玉米周年农艺措施进行统筹安排，通过品种搭配、群体结构优化、耕作技术改革，农艺、农机和植保技术的结合，重点抓好品种选择、机械播种、科学施肥和适期收获等环节。

2. 小麦玉米一体化栽培中玉米高产高效增产机理

（1）增强了玉米吐丝至成熟期干物质生产能力　干物质生产是产量形成的基础，群体干物质积累量因品种、密度和生育期而不同。从不同生育时期的干物质积累量与籽粒产量的相关系数可以看出（表3-1），大喇叭口期以后的干物质积累量与籽粒产量关系密切，尤其是吐丝25天以后二者的相关性更高。说明随着生育期的增加，群体干物质积累量对籽粒的影响程度增加，且籽粒中干物质的积累形成时期主要在大喇叭口期以后。因此一体化栽培通过加强大喇叭口期后的栽培管理，来延长绿

20

叶功能期，进而提高光合物质生产量，达到增产的目的。目前玉米高产田对前期管理比较重视，但往往忽视了中后期的管理，后期早衰是制约产量潜力提高的主要因素，高产技术措施必须在前期管理的基础上，发掘后期的增产潜力，提高玉米产量水平。

表3-1   不同生育时期干物质积累与籽粒产量的相关性

品 种	相关系数			
	出苗－大口	大口－吐丝25天	吐丝25天－成熟	成熟期
陕单8806	0.5253	0.7273*	0.9214**	0.9438**
京单28	0.5321	0.7562*	0.9028**	0.9261**
郑单958	0.5079	0.7231*	0.9237**	0.9483**

（2）较好地协调了群体库源关系   不同类型玉米品种相比较，耐密性品种郑单958群体库容量、源供应能力和单位叶面积系数承受的群体库容量均大于普通玉米品种，特别是高密度下，耐密型玉米品种不但群体库容量大（1 407.1～1 646.6克／米^2），源供应能力也很强（1 069.5～1 176.7克／米^2），单位叶面积指数承受群体库容量大（326.6～388.5克／米^2），库源关系协调。

种植密度不同，群体库容量、源供应能力及库源比值均不相同，三者均随着密度的增大而增大，但超过一定密度后源供应能力又有所下降，而两种类型玉米品种相比较，耐密型玉米品种均大于普通玉米品种，特别是高密度条件下，耐密型玉米品种还具有很强的源供应能力。

不同类型（大穗型和小穗型）玉米品种在不同试验地点对密度调节的反应不同。随着密度的增加，两种类型玉米品种相比较，大穗型陕单911总花数、叶面积系数、吐丝－成熟期干物质积累量增加幅度较大，分别为127.95%、52.96%、61.51%，而中小穗型陕单972分别为62.44%、43.55%、19.29%，总粒数陕单911增加幅度为49.93%，比陕单972的增加幅度（63.94%）

21

小；成粒率陕单 911 降低了 9.66%，陕单 972 仅降低了 5.08%，说明随密度的增加，群体库源性状均得到改善，但是以增库为主。对大穗型玉米陕单 911 来说，群体库容量本身就很大，密度的增加加剧库源的不平衡性，使成粒率降低幅度较大，总粒数增加幅度较小；而对小穗型玉米品种陕单 972 而言，群体库容量较小，密度增加协调了群体库源性状，成穗率降低幅度较小，总粒数增加较多。

（三）技术要点

1. 合理搭配品种，尽量发挥玉米高产优势　为了保证小麦、玉米两茬整体增产，小麦、玉米品种搭配的原则应是中、早熟小麦品种与中熟的玉米品种配合，充分发挥玉米的高产优势。

小麦品种的选择应因地制宜。东部灌区小麦以小偃 22、西农 88、武农 148、西农 979 为主栽品种，搭配种植武农 148，大力推广荔高 6 号、西农 889 和渭丰 151；中部灌区以小偃 22、闫麦 8911、西农 979 为主栽品种，搭配种植西农 2611、武农 148、陕麦 139、远丰 175、陕农 757 和陕 627，大力推广西农 889、荔高 6 号、西农 2000 和闫麦 9710；西部灌区以小偃 22、西农 979、西农 889 为主栽品种，搭配种植武农 148、秦农 142、远丰 175、陕麦 139，大力推广西农 2000、西农 9871。

玉米应选用中熟（生育期 100～105 天）、高产（每 667 米^{2}产量 500 千克以上）、抗病（抗大、小斑病，粗缩病和青枯病等）、耐阴雨、抗倒伏杂交良种。关中夏播区，以郑单 958、秦龙 11 号和新户单 4 号为主栽品种，西部推广种植浚单 20、鑫玉 13 和秦单 5 号，中部和东部推广种植浚单 20、秦龙 14 号、户 2118 和陕单 8806。

2. 调整播期，提高播种质量　针对陕西省灌区小麦早播，春节前积温多，生长量大，群体大，易发生冻害、病害，易倒伏；

玉米早收，籽粒未完全成熟，减产较重，导致小麦－玉米周年栽培中光热资源配置不合理的现象，通过调整播期，改两早为两晚，优化配置光热资源，即冬小麦适期晚播，夏玉米争时早播。其中，关中小麦中部到东部适宜播期在 10 月 10 ～ 16 日，关中西部适宜播期在 9 月 30 日至 10 月 15 日；玉米高产的适宜播期在 6 月 5 ～ 10 日，最晚不得迟于 6 月 20 日。

大力推广小麦条播技术。撒播旋播不仅浪费种子，出苗不整齐形成弱苗，而且会因土壤暄虚而跑墒，麦苗掉根死亡。应改撒播为条播，并适当降低播量。

3．优化种植结构，建立高产高效群体　争取一播全苗，保证小麦和玉米群体的整齐度是高产的关键，建立高效合理群体结构是获得高产的基础。

关中灌区小麦主栽品种高产的群体动态指标是基本苗 12 万～ 15 万 /667 米^2，冬前总茎数 80 万～ 100 万 /667 米^2，春季最高总茎数不超过 120 万 /667 米^2，成穗数 38 万～ 45 万穗 /667 米^2。

玉米合理种植密度因品种而异。推广大穗型玉米品种适宜密度为 3 000 ～ 3 500 株 /667 米^2，中小穗型玉米品种最适密度为 4 000 ～ 4 500 株 /667 米^2。

4．合理增加肥料投入，培肥地力，提高肥料利用率　影响关中灌区小麦、玉米高产的一个重要原因就是土壤肥力不足和盲目投肥。据调查，陕西省 60% 以上土壤有机含量低于 1%。其主要原因是有机质补充来源不足，肥料施用种类单一，作物秸秆大量焚烧。因此，应大力推广以秸秆还田为主的地力培肥措施，实施平衡施肥、控氮施磷补钾，推广磷、钾肥的隔季施用、小麦氮肥后移技术。

小麦一般施纯氮不低于 15 千克 /667 米^2，五氧化二磷不低于 12 千克 /667 米^2，氧化钾不低于 10 千克 /667 米^2。玉米总的施肥量应根据土壤肥力及产量指标而定。在基础地力之上，以每增加 100 千克籽粒需要增施纯氮 3.43 千克，五氧化二磷 1.0 ~ 1.5 千克和氧化钾 3.5 千克计算。按每 667 米 ^{2} 产 600 千克计，需 667 米 ^{2} 施纯氮 12 ~ 15 千克，五氧化二磷 6 ~ 8 千克，氧化钾 12 ~ 15 千克。

5. 灌好关键水，提高水分利用率 "有收无收在于水，收多收少在于肥。"这句农彦道出了肥水管理中水的重要性。干旱缺水严重影响小麦、玉米产量。一般因缺水而致叶片萎黄，傍晚仍不能恢复时，有灌溉条件应及时灌溉。在关中灌区，小麦生产上要确保冬灌和拔节水；玉米大力推广"四水"高产法，即保证出苗水、巧灌拔节水、饱灌抽雄水、灌好升浆水。同时为了提高灌水效率，要大力推广一水为两水用，即小麦的灌浆水为玉米的底墒水，玉米灌浆水为小麦底墒水的跨季使用。

6. 冬小麦适期早收，夏玉米适期晚收 玉米籽粒生理成熟的标志为胚乳黑层出现，乳线消失，苞叶干枯。而实际生产中农民往往在苞叶变黄、籽粒变硬时收获，因而玉米早收了 15 ~ 20 天，据调查，早收一般减产 15% ~ 24%。由于玉米的早收，一方面浪费了有效的光热资源，另一方面小麦早播加剧了冬小麦冬前生长量大、群体大的趋势，致使小麦易发生冻害、病害，易倒伏。因此，应保证玉米在完熟后收获，一般在 9 月底至 10 月 5 日收获为宜。

（四）适宜区域与注意事项

本项技术适宜于陕西省关中灌区。

四、冬小麦－夏玉米两熟制
保护性耕作全程机械化技术

冬小麦－夏玉米两熟是华北平原的主要种植制度。面对该地区在保护性耕作技术应用中存在的问题，结合小麦－夏玉米两熟种植制度的特点，河南省农业技术推广总站等单位有针对性研究提出了冬小麦－夏玉米两熟制保护性耕作全程机械化技术配套栽培模式。其田间操作流程为小麦机收→秸秆粉碎后覆盖地表→免耕播种玉米→化学除草剂封闭灭草→玉米田间管理→人工或机械收获→秸秆粉碎机粉碎秸秆还田→小麦免耕覆盖播种机播种小麦或旋耕机旋耕后整地播种小麦。该项技术的大面积示范成功，为华北平原保护性耕作条件下实现小麦玉米高产节本增效栽培，构建农田保护性耕作技术模式提供了一定的理论和技术储备，实现了小麦玉米简化栽培和节本增效的目的，为农村剩余劳动力的大量转移奠定了基础。

（一）增产增效效果

通过保护性耕作技术的应用，大量作物秸秆残茬覆盖地表，使农作物秸秆得到合理利用，不仅防止了焚烧秸秆带来的环境污染，而且增加了有机质含量，培肥了土壤，改善了土壤的团粒结构；更重要的是能有效地防治风沙危害和水土流失，提高了水分和肥料利用效率，保护了自然资源，促进了农业生态环境的良性发展。该项技术的推广应用不仅有效地减少了农业生产作业环节，降低生产成本，有效地促进农民增收；同时，带动了农机专业服务队的发展，促进农村剩余劳动力向二、三产业转移。据统计，在焦作、新乡、安阳、郑州、许昌等市累计示范推广应用 47.68 万亩，平均每 667 米² 年产小麦玉米合计 986.41 千克，以项目区前三年平均单产为对照，每年每 667 米² 增产粮食 59.32 千克，共计增产 2 828.38 万千克；按小麦价格 1.4 元／千克，玉米价格 1.2 元／千克计算，增加经济产值 3 452.08 万元，节约成本 3 318.42 万元，两项合计增加经济效益 6 770.5 万元。

（二）增产增效原理

1. 大型小麦收获机具对玉米生长发育的影响　针对大型收割机械收割小麦存在秸糠掩盖、机轮碾轧、残茬较深问题，对麦垄套种玉米苗生长的影响进行了研究，结果表明：大型小麦收割机的碾轧、留茬对套种玉米苗无显著不良影响，但留茬过高不利，故收割留茬高度宜在 20 厘米以下。秸糠掩盖对玉米生长影响较大，收后应及时清理播种行秸糠，控制覆盖厚度在 3 厘米以下。田间持水量低于 75% 时，机轮碾轧对玉米出苗密度和生长无明显影响；田间持水量在 80% 以上，收麦后空气干燥，轮轧带 0～5 厘米的表层土壤持水量迅速降低，坚硬板结，会造成出苗密度下降。

2. 玉米秸秆还田对土壤含水量的影响　对 5 种不同耕作处理（处理 A：玉米秸秆不还田翻耕播种小麦的传统耕作；处理 B：玉米秸秆还田翻耕播种小麦；处理 C：玉米秸秆粉碎旋耕播种小麦；处理 D：玉米秸秆立秆免耕播种小麦；处理 E：玉米秸秆碎秆免耕播种小麦。以上 5 种处理均为麦茬免耕直播玉米）的定位试验田测定表明，在玉米的整个生长季，不同耕作体系的土壤平均含水量在中前期前茬旋耕土壤处理含水量较高，两种前茬传统翻耕耕作土壤含水量较低，后期两种前茬免耕处理的土壤含水量较高，两种传统耕作最低。总体来看，保护性耕作方式下土壤的含水量比传统耕作土壤含水量高（图 4-1）。

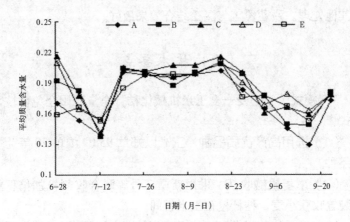

图 4-1　不同耕作前茬下夏玉米田含水量比较

　　模拟降水试验研究表明，残茬覆盖与深松相结合，可平衡和改善耕层土壤温度状况，在土壤温度较低时具有保温作用，在土壤温度较高时具有降温作用；可以增加土壤的蓄水和保水能力，模拟降水后 24 小时测定 1 米土层含水量比免耕不覆盖多 26.1 毫米，全生育期平均耕层土壤含水量比免耕不覆盖高 9.37%；土壤通透性也得到改善；最终水分利用效率比免耕不覆盖提高 25.26%。

　　3. 玉米秸秆还田对夏玉米生长发育的影响　苗期保护性耕作模式下尽管土壤水分状况好于传统翻耕，但是其地温偏低，玉米生长发育速度无显著提高。从玉米后期的生长情况来看，保护性耕作体系的玉米生育期有延长的趋势。测定表明，残茬覆盖和夏玉米 5 叶期深松耕作的玉米叶片 SOD 和 POD 活性提高、MAD 含量降低、叶绿素和可溶性蛋白质含量高、降解速度慢，维持了叶片后期较高的生理功能。最终开花后干物质生产量和玉米籽粒产量表现为：覆盖显著高于不覆盖，深松显著高于翻耕和免耕。残茬覆盖和深松耕作玉米播种后出苗率高，次生根多，株高增加而基部节间缩短，叶面积系数提高，最终产量显著高于其他处理。残茬覆盖与深松结合效果最好。

（三）技术要点

1. **模式Ⅰ**　小麦—夏玉米机械化秸秆全量还田全免耕技术模式

（1）选用高产优质品种　玉米以郑单958、浚单20等为主导品种。

（2）小麦机械收获　采用新疆2号等联合收割机加秸秆粉碎装置收获小麦，秸秆覆盖玉米行间。

（3）夏玉米机械播种　许昌生产的豪丰牌铁茬（免耕）播种机，或农哈哈牌仓转式及2BQYF-4气吸式铁茬播种机。夏玉米播期愈早产量愈高，河南一般要求在6月10日前播种结束，但粗缩病重发区要适当推迟播期。播种时要求足墒下种，播种深度3～5厘米为宜。土壤墒情较差时，在播后要浇蒙头水，提高出苗率。种植密度要依据品种特性和产量水平做到合理密植。

（4）夏玉米规范化管理　玉米施肥量按照以地定产，以产定氮，因缺补磷钾的方法确定适宜的施肥量。夏玉米适期早播、合理密植；3叶间苗，5叶定苗，播种后25天和45天两次追施肥料。田间杂草过多的要进行化学除草，及时防治病虫害。

（5）适时机械收获　要在果穗苞叶发黄后，往后延6～7天，穗中部籽粒灌浆乳线消失后再收获。收获机械可选用4YW-2型背负式玉米联合收获机、4YF-3型自走式玉米联合收获机、4YW-4型玉米割台（与谷物联合收割机配套）或4YW-Q悬挂式全幅玉米联合收获机等。

（6）玉米秸秆粉碎还田

①联合收获机在收玉米的同时直接将秸秆粉碎还田，这类机具效率高，如果掩埋及时，碎秸秆暴露在空气中的时间少，水分、养分损失少，秸秆的利用率也高。

②摘穗机摘穗后,用秸秆还田机粉碎还田,这种方法具有一次性投资小的优点,缺点是几次作业,每次作业不一定那么紧凑,往往收获后不能及时粉碎掩埋,利用效果不如上一种。

③人工摘穗后,使用秸秆还田机把秸秆就地粉碎还田,这种方法解决了用工多、劳动强度大的秸秆处理环节,是目前秸秆机械粉碎还田应用最广泛的方法。

2.模式Ⅱ 小麦／夏玉米套种半机械化秸秆全量还田少耕技术模式

(1)小麦收获 采用新疆2号等联合收割机加秸秆粉碎装置收获小麦,秸秆覆盖玉米行间。

(2)夏玉米播种

①贴茬直播机械同模式Ⅰ。

②可采用小麦收割前1～3天用2BF-1或河南浚县套播耧或人工套种玉米。

(3)规范化管理 套种玉米要重视早管,其他技术同模式Ⅰ。

(四) 适宜区域与注意事项

该技术模式适宜在黄淮海平原地区推广应用,有以下注意事项。

①小麦收获时,留茬高度严格控制在20厘米以下,小麦秸秆粉碎长度在10厘米以下,并抛撒均匀。

②玉米机械播种时,要调整好播种机具,播种机的开沟器和下肥器的左右、上下间距按照要求调整,播种机行进速度要适中,以保证播种均匀。

③苗前除草剂和苗后除草剂的使用要严格按要求操作,不得混时期和超剂量使用,以防止药害。

④玉米深松不应晚于5叶期,苗期干旱严重时应加拖土器,防止跑墒严重。

⑤玉米秸秆粉碎长度在 10 厘米以下，留茬平均高度在 8.5 厘米以下，粉碎后要抛撒均匀，秸秆粉碎后要及时旋耕灭茬和深耕掩埋、耙实。

五、春玉米早熟、矮秆、
耐密种植技术

对北方春玉米生产现状与产量的限制因素进行调查和分析发现，近年来玉米产量一直徘徊不前的原因，除了生产上主导品种不突出，年际间和地区间产量不稳定外，主要是由于玉米杂交种多属于晚熟高秆大穗类型、生育期长、抗逆性差、种植密度偏低，限制了产量的进一步提高。同时，据沈阳农业大学专家调查，目前品种的推荐密度普遍偏低，比栽培试验的适宜密度低 10% 以上。针对这些问题，辽宁省农科院通过理论研究和生产实践验证，提出了早熟抗病抗倒品种、合理增密种植的"早熟、矮秆、耐密"技术模式，在实际生产中进行了推广和应用，可有效地规避生物和非生物逆境影响，增产效果显著。

(一) 增产增收效果

北方春玉米区长期应用晚熟高秆大穗型品种，在人们的种植观念中，一直认为这种类型的品种产量高。但在实际生产过程中，生育期长的高秆大穗型品种，果穗大小不匀、出籽率低、不能达到正常生理成熟，实际产量并不高，加之不能密植，增加密度后，空秆和倒伏现象严重。辽宁省农科院对辽宁省 2005~2007 年的区域试验的数据统计结果表明：2005 年完成试验程序的参试品种平均产量随着熟期组生育期的缩短，产量提高，对照种表现的趋势与参试品种表现的趋势完全一致；2006年极晚熟组区试平均产量为 648.5 千克 /667 米 ^{2}，晚熟组和中晚熟组的平均产量分别为 737.4 和 734.2 千克 /667 米 ^{2}，中熟组平均产量764.2千克/667米^2，中熟组产量最高；2007年区试结果和2006的结果基本一致；2007年生产试验中，极晚熟组平均产量为540.2千克/667米^2，晚熟组平均产量为601.4千克/667米^2，中晚熟组平均产量为697.1千克/667米^2，中熟组平均产量600.7千克/667米^2，晚熟组和中熟组产量接近，中晚熟组产量最高。

由此可见，选择在当地种植能够充分成熟的早一个熟期的品种，可以有效提高玉米抗逆能力，增加单产和改善品质，提高玉米的综合生产能力。国外和国内玉米生产实践也证明，玉米的杂种优势利用已经挖掘到一个较高的水平，今后玉米的大幅度增产，主要靠种植密度的逐步提高。我国现时期耐密品种郑单958、辽单565以及美国先锋公司品种先玉335的育成与推广，标志着我国玉米生产进入新的历史时期，即由传统的稀植大穗品种向矮秆耐密品种方向发展。

（二）增产增效原理

在能充分保证籽粒达到正常生理成熟条件下，玉米生育期延长和产量成正相关，否则产量会降低。所以，在玉米生产中种植中熟或中晚熟玉米品种相对抗风险能力较强，可以充分利用有限的光热资源，使籽粒达到充分的生理成熟，产量和容重增加，从而实现高产。

合理增加密度可以有效提高光能利用率，玉米的产量由光合面积、光合时间、光合速率、呼吸消耗和经济系数5个因素决定的，即玉米产量＝光合面积×光合时间×净同化率×经济系数，合理密植可有效提高叶面积指数，进而增加光合面积；另外，密度加大，果穗变小，有利于提高经济系数。耐密品种，高肥水供应，有利于根系发育，增加光合时间，最终有利于高产的形成。高密度种植有利于有效穗数的增加，玉米的籽粒产量由穗数、穗粒数和粒重三要素决定的，即产量＝穗数 × 穗粒数 × 粒重，高密度种植有利于有效穗数的增加，在适宜范围内增加有效穗对产量的贡献大于提高单穗重，进而提高产量。

矮秆玉米品种适宜密植。扩大玉米生产田的群体，倒伏是潜在的减产因素。因此，选择中秆或矮秆的抗倒品种是增加种植密度的前提条件。早熟、矮秆、耐密增产技术模式集中了以上对增加产量限制因子的有效优化，增产作用明显。

（三）技术要点

1. 选地和整地　选择光热水资源丰富，土层深厚，土质疏松的地块，实行秋翻或秋深松、秋耙、秋起垄，耕深 20 ～ 23 厘米，深松深度 ≥ 35 厘米，做到无漏耕、无立垡、无坷垃，垄距 50 ～ 60 厘米。

2. 品种选择　选择比当地常规熟期提早一个熟期的品种。品种具有以下特点：早熟、株高中等（2.5 ～ 2.8 米），根系发达，下扎早、下扎深度大、须根系发达、侧伸展；穗位中等偏下 [穗位高系数（穗位高／株高×100）≤ 45%]，基部节间短，基部茎秆粗、坚硬度高，穗位上部茎秆细，节间拉得开，富有韧性、硬度；穗上叶上冲，适当较窄；雄穗分枝少、花粉量大、散粉时间长；群体果穗中等内外均匀一致，边行优势小、穗轴细坚硬、脱水快、出籽率高、结实好、无缺粒、无秃尖；空秆率低。

3. 种子处理

（1）测试芽率　播前 15 天进行发芽试验，检查芽率，保证种子芽率 ≥ 90%。

（2）种子包衣　地下害虫重、玉米丝黑穗病轻（田间自然发病率小于 5%）的地区，干籽播种时，可选用 20% 丁·戊·福美双悬浮种衣剂，按药种比 1：60 进行种子包衣。

（3）药剂拌种　地下害虫轻、玉米丝黑穗病重的地区，干籽播种时，可选择的药剂有 2% 戊唑醇拌种剂按种子量的 0.3% ～ 0.4% 拌种用。地下害虫重、玉米丝黑穗病也重（田间自然发病率大于 5%）的地区，采用 2% 戊唑醇按种子重量的 0.4% 拌种，播种时再用辛硫磷颗粒剂 2 ～ 3 千克 /667 米 ^{2} 随种肥下地。

4. 播 种

（1）播种时间　在 4 月 25 日至 5 月 10 日之间，土壤耕层 5 ～ 10 厘米地温稳定通过 7℃ ～ 8℃，土壤含水量达到 15% 以上时即可播种。

（2）播种要求　可人工播种或机械半精量播种。人工可每穴播种 2 ～ 3 粒，开沟或挖穴规范点播；半精量机械播种可实施 1-2-1 粒播种规则，土壤墒情充足时播种深度 3 ～ 5 厘米，土壤墒情较差的播种深度 5 ～ 6 厘米，种肥隔离 5 厘米以上，避免烧种。

（3）种植密度　"缩垄距"增密就是将常规的大垄距(60 ～ 65 厘米）减小到小垄距(50 ～ 55 厘米)，通过增加种植垄数，提高单位面积的株数，达到增密的目的。也可以通过行距不变，减少株距的方式实现增密。耐密品种保苗 4 500 ～ 5 500 株 /667 米 ^{2}，中等耐密品种保苗 3 800 ～ 4 500 株 /667 米 ^{2}。

5. 田间管理

（1）及时查苗补苗　播种后 7 ～ 10 天对田间出苗情况进行调查，对断垄处及时补种或补苗。

（2）合理定苗　在玉米 3 叶期间苗，5 叶期定苗，采用 2 次间苗，拔除特大苗、特小苗、畸形苗、病苗，每穴只留一株壮苗，缺株处旁边留双株。

（3）中耕　生育期间，结合追肥进行中耕或深松。

（4）施肥管理

①基肥　每 667 米 ^{2} 施用含有机质 8% 以上的农肥 2 ～ 3 吨，施尿素 5 ～ 7.5 千克＋三元复合肥（15-15-15）20 ～ 25 千克＋

硫酸锌复合微肥 1.5～2 千克，将各种肥料在播种前结合整地时施入。

②种肥 每 667 米 ^{2} 需磷酸二铵 5～7.5 千克，随播种口肥施入，必须保持与种子间隔 3 厘米以上。

③追肥 采用"前轻、中重、后补"模式，在玉米拔节期前每 667 米 ^{2} 追施尿素 10～12 千克，占氮肥总追肥量的 30%；大喇叭口时期追肥，用量占氮肥总追肥量的 55%，每 667 米 ^{2} 施尿素 15～20 千克 + 氯化钾 15 千克，补施钾肥有利于玉米灌浆和促进早熟，提高产量。在玉米开花授粉前后，每 667 米 ^{2} 施尿素 5～10 千克，占追肥用量的 15%。

（5）病虫害防治 贯彻"预防为主、综合防治"的方针，坚持以农业防治、生物防治为主，辅以化学防治的原则，加强病虫测报，抓住有利时机，采取统防统治方法，提高防治效果。

玉米植株在 7、8 月份易发生大小斑病。选择抗病品种，于发病初期，用 50% 可湿性多菌灵 500 倍液，或选用 75% 代森锰锌 500～800 倍液、80% 甲基硫菌灵 800～1 000 倍液，60～70 千克/667 米 ^{2} 药液喷雾防治，隔 7～10 天再喷 1 次。

6 月中下旬第一代玉米螟，用赤眼蜂防治，每 667 米 ^{2} 2 万头，分 2 次投放；化学防治：当大喇叭口期花叶率达 10% 时，用辛硫磷颗粒剂 2～2.5 千克/667 米 ^{2} 灌心，兼治粒期穗蚜；当抽穗期玉米螟达到 30 头/百株，可用 80% 敌敌畏 100 倍液滴花丝，每穗 2～3 滴。7 月下旬至 8 月上旬，注意防治第二代玉米螟。

（四）适宜区域与注意事项

本项技术模式适用于东华北及西北春玉米区。在应用该项技术模式时，应根据当地的气候条件和种植水平参考使用，尤其在耐密型玉米品种的选择上，应首先进行小面积的密度筛选试验，有些品种盲目增加密度将会引起减产效应。

六、玉米大垄双行覆膜栽培技术

北方春玉米区光照资源丰富，7～9月份降雨集中，雨、热同季，优越的自然条件适宜玉米生长，但所处地区纬度较高，有很多不利因素影响玉米生产。主要体现在：①有效积温不足，前期温度低，土壤微生物活性差，玉米拔节前生长缓慢，长达50～60天，光资源浪费较多。②春季干旱，大风天气多。冬、春降雨很少，同时，4～5月份大风天较多，土壤水分蒸发量大，加剧干旱程度，对玉米出苗、苗期生长及产量影响巨大。因此，发展覆膜栽培技术对提高北方春玉米产量具有重要意义。

（一）增产增收效果

推广玉米大垄双行覆膜栽培技术，一般每667米^{2}产量可达700千克以上，比直播增产10%～20%，高产地块可增产一倍甚至一倍以上，每667米^{2}纯增收180～250元，甚至更高。在辽宁省的建平县，通过选择早熟、矮秆、耐密的辽单565，应用大垄双行地膜覆盖的栽培技术模式，产量连续4年突破1000千克／667米^2。

（二）增产增收原理

玉米大垄双行覆膜栽培技术之所以能大幅度增产、增收，其主要原因及技术进步点是抓住了阻碍北方春玉米区生产中的突出限制因子，找到了突破点。

1. **增加了有效积温，使适宜高产品种发挥出增产潜力** 玉米产量的高低与生育期长短成正相关，作物生育期积温不足地区，采用地膜覆盖技术，可增加有效积温 250℃～300℃，为选用适当较晚熟高产品种，发挥品种的增产潜力，提高玉米产量创造了先决条件。

2. 利于提墒、保墒，可实现一次播种保全苗 春旱多发地区干旱是直接影响玉米一次播种保全苗和前期玉米生长发育的主要因素。实行玉米大垄双行覆膜栽培，减少了水分蒸发，改变了水分运动规律，膜内蒸发部分被膜阻挡而保留在膜下。加之水分向上运动的梯度增加等作用，使土壤含水量明显增加。据对覆膜土壤 0～10 厘米土层调查，播种后 30 天内较裸地土壤水分增加 2%～5%，这就为一次播种保全苗和前期玉米生长创造了良好的条件。

3. 增加种植密度，发挥群体的增产潜力 玉米大垄双行覆膜栽培技术，通过改变种植方式，形成一宽一窄的群体结构，创造了通风透光条件，缓解了"玉米海"矛盾；突破现有品种在当前条件下种植密度难以增加的禁区，种植密度较常规增加 400～600 株 /667 米^2。

4. 投入水平提高 一般每 667 米^2 投入农家肥 1 500～2 000 千克；化肥磷酸二铵 20～25 千克，尿素 20～25 千克，硫酸钾 4～5 千克，硫酸锌 1～1.5 千克，每 667 米^2 较直播田增加投入 80～100 元。

此外，管理水平的提高、土壤温度、墒情变好，还可以改变土壤的生态环境、改善理化性质，有利于微生物活动，进而促进养分分解与供应等，这些都为玉米高产创造了条件。总之，应用这项技术在一定程度上缓解了热量不足、十年九春旱、投入不足和密度不够等 4 个玉米生产中的主要矛盾。

(三) 技术要点

1. **标准垄改大垄**   将习惯栽培的 65 厘米或 70 厘米的小垄,在整地时改变成为 130 厘米或 140 厘米的大垄。

2. **大垄播双行**   在大垄上种植双行玉米,大垄上玉米行距为 35 ~ 45 厘米,一般以 40 厘米为好(图 6-1,图 6-2)。

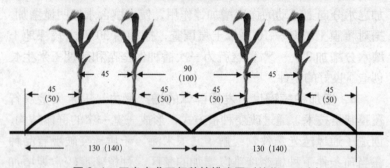

图 6-1   玉米大垄双行种植模式图(单位:厘米)

图 6-2   玉米大垄双行田间生长状况

38

3. 品种选择 适宜覆膜栽培的品种可选择较晚熟、高产、优质、抗逆性强的品种。标准是比当地直播主栽生育期长10～15天，或所需积温多200℃～250℃，或叶片数多1～2叶。

4. 种子处理 播种前15天将种子晒2～3天，2～3小时翻动一次。并进行发芽试验。依据当地地下害虫、玉米丝黑穗病发生情况，选择适宜种衣剂进行种子包衣。

5. 选地、选茬与耕整地

（1）选地、选茬 选择耕层深厚、肥力较高，保水、保肥及排水良好的地块，并选择大豆、小麦、马铃薯、玉米等肥沃的茬口。

（2）耕整地、伏翻伏起垄 要求耕深20～23厘米，做到无漏耕、无立垡、无坷垃，耙、耢后起垄；有耕翻基础的地块，可耙茬起垄。秋翻秋起垄是指秋翻前将作物根茬刨净拣光，耕深20～23厘米，做到无漏耕、无立垡、无坷垃，耙、耢后起垄镇压；秋翻春起垄是指土壤墒情较好的地块，早春化冻14厘米时，及时耙、耢、起垄镇压；春耙春起垄是指一般适用于土壤墒情较好的大豆、马铃薯等软茬，先灭茬深松垄台，然后耢平，起垄镇压。

6. 施肥技术

（1）基肥 基肥以有机肥料为主，一般每667米^{2}施1500～2000千克作基肥。

（2）种肥 每667米^{2}施用尿素6～7千克，磷酸二铵20～25千克，硫酸钾4～5千克，硫酸锌1～1.5千克。

（3）追肥 揭膜后进行一次侧深施，每667米^{2}追施尿素14～18千克，深度10～15厘米。

（4）毒肥 地下害虫严重的地块，每667米^{2}用4～5千克的0.125%辛硫磷颗粒（配制方法：50%辛硫磷乳油5千克，加水5～10升，拌入200千克煮熟的破碎豆、玉米或高粱中）随肥条施。

7. 覆膜、播种

（1）**播期**　覆膜后地温稳定通过5℃～6℃，出苗或破膜引苗后能躲过−3℃的冻害时，抢墒播种。

（2）**播法**　在大垄上覆盖厚度为0.007～0.008毫米的农用地膜。先播种后覆膜和先覆膜后播种两种。先播种后覆膜：清除垄体上大坷垃、残茬，在大垄上开双沟、施肥、滤水，沟深10～12厘米，每667米²滤水8～10吨，待水渗完后，按照要求的株距，等距播籽；或机械播种，覆土3～4厘米，然后覆膜，膜上每隔1.0～1.5米压一堆土，防止风扒。先覆膜后播种：播前5～7天，开沟施肥、滤水，沟深10～12厘米，每667米²滤水8～10吨，待水渗完后，覆土，并清除垄上的大坷垃及残茬。覆膜方法同前。待适宜播期一到，在膜上按要求株行距扎眼，或机械播种，并用湿土封好播种孔。

（3）**密度与播量**　合理密植，增加种植密度。株距因选用品种等因素而定，种植密度较常规栽培每667米²增加400～600株。每667米²播种量2千克左右。

（4）**封闭灭草**　覆膜前要用苗前除草剂封闭除草。

8. 田间管理

（1）**前期管理**　先播种后覆膜玉米一叶一心至两叶一心时剪孔放苗，每掩（穴）只留一株，放苗后用湿土封严放苗孔；扎眼种的应在三叶期前及时间苗。如缺苗应及时补栽同龄预备苗。膜的管护应在发现漏压和风扒，立即取湿土压好；透光面达不到要求宽度的，要撤土。放苗时应适当撤掉膜上压土，并及时把膜上积水引入垄沟。

（2）**中期管理**　及时掰掉分蘖，但要避免损伤主茎。采用人工或机械揭膜，选晴天上午，表土已干燥且不粘膜时进行。揭膜时间应在玉米叶片封垄，地膜增温效果不大时进行，一般气温高，可适当早些；气温低，可适当晚些。揭膜后及时铲趟追肥。

（З）虫害防治　6月中下旬，平均100株玉米有150头黏虫时，达到防治指标，可选用5% S-氰戊菊酯3 000倍液，或20%杀灭菊酯2 000倍液，或50%辛硫磷1 000倍液，或25%氰戊·辛硫磷乳油1 500倍液，或10%阿维·高氯1 000倍液进行喷雾防治；或每667米²释放赤眼蜂1.5万～2.0万头，分两次释放；或用高压汞灯消灭成虫。

（Ч）放秋垄　放秋垄拿大草1～2次。

9.站秆扒皮晾晒　玉米蜡熟后期扒开玉米果穗苞叶，晾晒。

（四）适用区域与注意事项

大垄双行覆膜栽培技术能够缓解玉米生育期间积温不足、土壤墒情不好等突出矛盾，并能增加种植密度，提高玉米整体栽培水平，在一些无霜期短的地区，具有极大的推广价值。玉米产量的提高，取决于增产技术对主导限制因子的克服程度，克服程度越高，增产幅度越大。因此，该项技术适用于生育期间积温不足、土壤墒情不佳（尤其是播种时），以及在此条件下种植密度等限制玉米产量主导因素的玉米产区。

七、玉米大垄垄上行间
覆膜栽培技术

玉米大垄垄上行间覆膜栽培技术是针对黑龙江省春旱、低温气候特点所采取的以地膜为载体，以机械化覆膜为核心，生态、农艺、农机相结合的一种新型栽培模式。突出特点是：具有抗旱、保墒、提墒、集雨水、增温、防终霜冻害；增产、提质、增效以及降低籽粒水分的作用。该技术解决了玉米侧深施肥、覆膜、精量点播、覆土、镇压一次完成播种作业的问题，较好地协调了土壤水、肥、气、热环境，为玉米生长创造了比较稳定的条件。实现了施肥、播种、揭膜、中耕、病虫害防治、收获全程机械化。

（一）增产增效情况

黑龙江省农垦科学院 2005 年测定表明，玉米大垄行间覆膜栽培技术比直播增产 13.58%；干旱地区和干旱年份通过早播比普通栽培方式增产20%以上；每 667 米^2 增效 80 元左右（表 7-1）。

表 7-1 不同覆盖方式对玉米产量及产量构成的影响

栽培方法	穗长（厘米）	秃尖长（厘米）	穗粒数	百粒重（克）	单株产量（克）	每667米^{2}产量（千克）	增产（%）
垄上覆膜	21.9	0.35	563.6	39.0	209.4	853.89	12.12
行间覆膜	21.7	0.25	565.8	39.1	215.8	865.00	13.58
大垄直播	22.1	0.72	610.2	37.2	208.0	802.41	5.36
小垄直播	22.0	0.84	556.8	36.8	195.5	761.58	0.00

（二）增产增效原理

玉米大垄行间覆膜栽培技术能提高玉米的抗旱能力，增强地膜增温、提墒、保墒、集水功能，还利于调节土壤水、灌溉水和降水，提高用水效率，降低成本，从而实现节本增效。

1. **保墒、提墒、集雨水**　根据测定，大垄行间覆膜栽培 10 厘米土层比不覆膜平均增加土壤水分 3.59%。

2. **增加土壤温度，促进玉米生长发育和干物质积累**　大垄行间覆膜 5～6 月份 5 厘米土层增温 71.28℃～87.26℃，平均日增温 1.08℃左右；干物质积累比直播增加 18.69%，增加百粒重 2～3 克（图 7-1）。

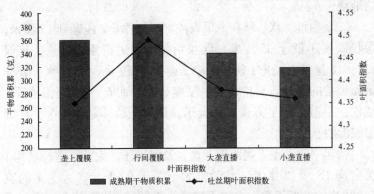

图 7-1　不同栽培方式下玉米干物质与叶面积指数变化

3. **用地养地**　行间覆膜膜内增温、保墒，有利于协调土壤水、肥、气、热，改善膜内土壤结构，容重降低 7.1%，孔隙度增加 8.4%；行间容重和孔隙度分别降低 3.6%、增加 4.0%，增加土壤团粒结构，疏松土壤，促进玉米根系生长，提高作物对光能的利用率。

4. **改善土壤水热状况，促进土壤养分的矿化**　行间覆盖具有减少土壤水分蒸发，促进土壤微生物活动，提高肥料利用率，

43

改善土壤物理性状等作用。试验结果表明，覆膜处理比直播处理大于 1 毫米的团粒减少 6.85%，而小于 0.25 毫米的颗粒增加 9.21%，说明覆膜后土壤水热条件有利于微生物活动，加速有机质降解与分解，有利于土壤团粒结构的形成。

5. **提早播种，促进早熟**　行间覆膜一般提早播种 5 天左右，提早成熟 5 ～ 7 天。

（三）技术要点

1. 播前准备

（1）选地选茬　选择地势平坦、排水良好、有深松基础的大豆茬、麦茬或经济作物茬，且 3 年内未施用过长效残留农药的地块。

（2）整地　伏、秋整地采取浅翻深松作业，浅翻到 12 厘米，深松深度不低于 35 厘米。深松后耙茬，进行重耙 2 遍，耙深 15 ～ 18 厘米；轻耙（前平后耙 1 遍），耙深 8 ～ 12 厘米。春季垄面板结的要进行旋耕，旋耕深度 6 ～ 8 厘米，达到土壤细碎、疏松、平整，每平方米直径大于 3 厘米土块不超过 5 个。严禁湿整湿耕。

秋起平头大垄，垄距 1.3 米，及时镇压。大垄起垄标准为：垄台高 15 ～ 18 厘米；垄台宽大于等于 90 厘米，大垄垄沟宽 130 厘米；垄面平整，土碎无坷垃，无秸秆；垄距均匀一致；千米误差小于等于 5 厘米；秋施肥、秋施药后及时镇压保墒。

（3）地膜选择　选择耐拉强度较高的农膜，地膜厚度为 0.01 毫米，宽度为 60 ～ 70 厘米。

（4）品种选择　根据生态条件，选择适合当地种植的晚熟、高产、优质、抗病性强，适宜机械化栽培的优良品种。

（5）种子精选　播前对种子进行机械精选，除去小粒种子，达到种子粒型均匀一致。种子质量应高于国家大田用种标准：

种子纯度大于98%，净度大于99%，发芽率大于95%。

（6）种子处理

①药剂处理　地下害虫严重的地块，播种前一天，用50%辛硫磷乳油50克，加水1.0升混拌均匀后，均匀地喷洒在20千克种子上，闷种3～4小时摊开，阴干后播种。

②种子包衣　将100千克干种子用35%的多克福种衣剂1.5～2.0升进行包衣，防治玉米丝黑穗病。

2.播种　在5～10厘米耕层温度稳定通过5℃时开始播种。黑龙江省东部地区一般应在4月20～30日播种；西北部地区一般应在4月25日至5月5日播种。选用玉米气吸式覆膜播种机或三膜六行覆膜播种机，一次完成施肥、覆膜、播种、镇压、地膜覆土作业。

（1）覆膜标准　覆膜要直，百米偏差5厘米以内，膜两边压土各10厘米，黑龙江省东部地区每间隔20米，西北部地区每间隔10米，横向压土，防风掀膜。

（2）播种标准　种子距膜边≤5厘米，百米偏差小于等于2厘米；种子播深在4～5厘米，深浅一致，覆土严密。

3.种植密度

（1）合理密植　耐密品种5 000～5 600株/667米^2；一般品种4 000～4 600株/667米^2；一般生产田可采用低密度，高产攻关田可采用高密度（图7-2）。

（2）规范粒距苗距

应播粒距＝计划苗距×发芽率×田间出苗率

其中，计划苗距＝单垄1米^{2}长度÷（每667米^{2}收获株数/667）

4.施　肥

（1）施肥时期　秋施肥在秋季起垄前包入垄内，种肥随播种同时施入，追肥玉米5～6叶期施入，叶面肥在玉米大喇叭口期、抽雄初期飞机航化喷施。

45

图7-2　玉米大垄垄上行间覆膜田间状态

（2）施肥量　施肥纯量在15～22千克/667米²。根据不同土壤类型N：P：K比例为：黑龙江西北高寒区黑钙土1.5：1：0.5；草甸黑土1.8～2：1：0.5；沙壤土与白浆土1.9～2.1：1：0.6～1。一般生产田可采用低肥量，高产攻关田可采用高肥量。

（3）施肥方法

①秋施肥　在封冻前，气温稳定在10℃以下，采用播种机条施或撒施，深度15厘米左右。

②种肥　种肥分层侧深施，施于种侧5厘米，深度8～10厘米和12～15厘米。

③追肥　侧深追肥，根侧10厘米，深度6～8厘米，追肥后立即中耕培土。

④叶面肥　喷施2～3遍叶面肥，第一遍拔节后，尿素0.47千克/667米²+0.1%硫酸锌溶液33千克/667米²左右；第二遍心叶期用复合叶面肥；第三遍抽雄初期结合防治玉米螟用磷酸二氢钾200克/667米²+硼肥25～50克/667米²。

46

5. 田间管理

（1）中耕灭草 大垄垄上行间覆膜中耕管理3次，第一遍深松防寒，在玉米出齐苗进行第一遍中耕作业，增温、保墒、松土、灭草；在玉米4～5叶期进行第二遍中耕灭草作业；结合玉米追肥，在玉米6～7叶期进行最后一遍中耕培土作业。

（2）化学灭草

①秋季灭草或播后苗前封闭灭草 防治一年生禾本科和部分阔叶杂草，用90%乙草胺乳油60～100毫升/667米^2+75%噻吩磺隆可湿性粉剂0.6～1克/667米^2。或75%噻吩磺隆1～1.3克+90%乙草胺乳油60～100毫升/667米^2。

②苗后灭草 4%烟嘧磺隆20～30毫升/667米^2。

（3）病虫害防治

①玉米螟防治 玉米螟的防治可采用生物防治和药剂防治等措施。

第一，生物防治。防治指标为百株活虫80头。高压汞灯防治：时间为当地玉米螟成虫羽化初始日期，每晚9时到翌日早4时，小雨仍可开灯。赤眼蜂防治：于玉米螟卵盛期在田间放蜂1～2次，每667米^{2}放蜂1.5万头。封垛防治：在4～5月份玉米螟醒蛰前，每立方米秸秆用100克白僵菌粉剂封垛处理。

第二，药剂防治。玉米5%抽雄时用2.5%溴氰菊酯乳油20毫升/667米^2，或10%氯氰菊酯15～20毫升/667米^2，或Bt乳剂200毫克/667米^{2}用飞机航化作业或每667米^{2}用150～200毫克的Bt乳剂拌细沙制成颗粒剂灌心。

②防治黏虫 6月中下旬，平均100株玉米有50头黏虫时达到防治指标。可用菊酯类农药防治，每667米^{2}用量20～30毫升，对水30升，或用毒死蜱、三唑磷农药喷雾防治，或人工捕杀。

③蚜虫防治 7月上中旬，药剂可选用10%吡虫啉可湿性粉剂1000倍液，70%吡虫啉水分散剂20000～25000倍液，

0.36%绿植苦参碱水剂500倍液，10%高效氯氰菊酯乳油2 000倍液，2.5%三氟氯氰菊酯2 500倍液，50%抗蚜威可湿性粉剂2 000倍液。

（4）人工起膜　7月10日前采用机械或人工起膜，将田间农膜全部清除，防止白色污染。

6. 玉米收获

（1）分段收获　秋季降雨量少，玉米籽粒乳线消失，完全成熟时，采取割晒、拾禾脱粒分段收获。

（2）机械摘棒　玉米成熟后，籽粒含水量30%～32%时，有晾晒条件的采取机械下棒晾晒，秸秆粉碎还田。

（3）机械直收　当玉米籽粒含水量小于22%～25%时，采用收获机进行机械直收籽粒，同时秸秆粉碎还田。

7. 籽粒晾晒烘干

要将收获后的玉米及时晾晒，有条件的地方可进行烘干，把籽粒含水量降到14%。脱粒后的籽粒要及时清选，达到国家玉米收购质量标准二等以上。

（四）适宜区域与注意事项

该技术适合于拥有现代化大型机械设备农垦系统的春玉米春季干旱及低温地区，如黑龙江省三江平原、松嫩平原西部干旱区。应用时应注意结合当地实际适当调整机械设备和方法。

八、玉米宽窄行留高茬
交替休闲种植模式

东北平原是典型的黑土区，属一年一熟的雨养农业区，年平均降雨量 500 毫米左右，年际间和时空分布差异较大，常受旱涝灾害的影响，因此提高对自然降水的土壤蓄集能力和降水的利用效率对于玉米抗逆增产具有重要意义。传统的耕作方式和方法存在种种弊端，犁底层越来越浅，土壤风蚀严重，有机质逐年减少（年平均下降 0.1‰ ~ 0.2‰），粮食单产在 350 ~ 400 千克 /667 米^2 徘徊，持续高产高效困难。改革现行耕作方法迫在眉捷。对此，吉林省农科院通过多年研究，提出了玉米宽窄行留高茬交替休闲种植新模式。

（一）增产增效情况

玉米宽窄行留高茬交替休闲种植模式主要解决了传统耕法中存在的以下问题：一是春、秋两季整地土壤失墒较重，夏季地表径流损失严重，降水利用效率低。二是实施秸秆还田困难，土壤风蚀严重，土地用养失调，黑土层变薄。三是耕作层变浅，犁底层加厚。四是田间作业环节多，成本高。新模式在推广应用中表现出以下优点。

①集黑土保护与建立土壤水库为一体，通过留高茬来实现玉米秸秆还田，增加土壤有机质、培肥地力、减少土壤风蚀的目的，保护生态环境。

②通过追肥期宽幅深松，打破土壤犁底层，加深耕层，改善耕层物理性状，减少径流，接纳和贮存更多的降水，形成耕

层土壤水库，可做到伏雨秋用和春用，提高自然降水利用效率。

③通过缩小种植带窄行行距，加宽深松工作带（宽行），在窄行精密播种，实现宽行和窄行交替休闲。

④农机与农艺相结合，粮食生产与土地保护相结合，提高产量，降低生产成本。

田间监测表明，玉米宽窄行留高茬交替休闲种植模式可以明显改善土壤水分状况，提高自然降水利用率10%以上，降低干旱造成的损失；改善土壤理化性状和土壤生态环境，培肥地力，减少土壤风蚀和水蚀；提高玉米产量和品质，降低生产成本，增加经济效益。连续10年的定位结果，宽窄行种植较常规耕法种植平均增产13.6%（图8-1）。

图8-1　玉米宽窄行交替休闲种植模式

（二）增产增效机理

1. 保苗株数和收获株数增加　密度试验结果，郑单958在宽窄行种植条件下的产量回归方程为$Y = -106.28x^2+1497.1x+4902.4$，每公顷最高产量10 174.6

千克（678.3 千克 /667 米²）的密度为 7.04 万株 / 公顷（折合 4 693 株 /667 米²）；在均匀垄种植条件下的产量回归方程为 $Y = -302.03X^2 + 3816.1X - 2552.2$，获得最高产量 9 501.9 千克 / 公顷（633.5 千克 /667 米²）的密度为 6.32 万株 / 公顷（折合 4 213 株 /667 米²）。宽窄行种植播种密度较均匀垄增加 10% 左右。单位面积保苗株数和收获株数的增加是宽窄行交替休闲种植模式增产的重要原因之一。

2．耕层蓄水能力增强　2003-2009 年 7 年试验结果表明，秸秆不同还田方式土壤各时期的含水率都高于现行均匀垄耕法，差异均达到了极显著水平。其中宽窄行留高茬种植对土壤含水量的保持效果最佳（表 8-1）。6 月下旬至 9 月份进入雨季，若遇单次降雨量过大，宽窄行种植较普通耕法表现出蓄水能力强、径流轻的特点。

表 8-1　不同处理土壤水分动态变化（%）

耕作方式	5 月 19 日	5 月 30 日	6 月 15 日	6 月 29 日	9 月 10 日	平均
宽窄行留高茬	25.8	24.7	24.6	24.7	34.2	26.8
粉碎还田	25.9	24.8	23.8	24.7	33.8	26.6
覆盖还田	25.2	24.8	23.7	23.8	33.6	26.2
全方位深松	24.5	24.7	23.4	23.8	32.8	25.8
普通耕法（CK）	24.0	24.2	23.3	22.3	27.1	24.2

注：0～50 厘米土层，2009 年测定

3．土壤培肥效果显著　秸秆养分测定全氮 6.71 克 / 千克，全磷 2.33 克 / 千克，全钾 11.40 克 / 千克，年还田秸秆量的 1/3，即相当于 667 米² 施入尿素 2.7 千克、磷酸二铵 0.94 千克、硫酸钾 4.2 千克，每 667 米² 可节省化肥投入 17.2 元。

7 年秸秆还田定位试验结果表明，玉米宽窄行留高茬比普通耕法土壤有机质提高了 6.73 克 / 千克。

4．深松对土壤特性和玉米根系的影响　深松对土壤的紧实度和土壤容重影响非常大。深松处理的土壤紧实度较未深松处理的明显下降，0～45厘米土层，深松处理的土壤紧实度从上到下一直呈上升趋势，而未深松处理从上到下呈抛物线状变化，在6～25厘米之间出现一个高峰。在拔节期、成熟期两个时期中，深松处理的土壤容重整体上较未深松处理的有所下降。在拔节期，0～50厘米土层土壤容重深松处理的显著低于未深松处理的，表现为0～10厘米、10～20厘米、20～30厘米、30～40厘米、40～50厘米分别较未深松处理低18.79%、12.84%、9.15%、5.79%、11.11%；在成熟期，0～20厘米土层深松处理土壤容重显著低于未深松处理，0～10厘米和10～20厘米分别较未深松处理低6.98%和10.01%（表8-2）。

表8-2　深松处理对土壤容重的影响

深度（厘米）	拔节期		成熟期	
	未深松	深　松	未深松	深　松
0～10	1.49a	1.21b	1.29a	1.2b
10～20	1.48a	1.29b	1.38a	1.24b
20～30	1.42a	1.29b	1.35a	1.27a
30～40	1.34a	1.26b	1.31a	1.27a
40～50	1.35a	1.2b	1.29a	1.3a
50～60	1.33a	1.31a	1.32a	1.31a
60～70	1.37a	1.32a	1.34a	1.33a

注：表中不同字母表示差异达显著水平

两种耕作方式根系干重随生育时期的推进呈下降趋势，成熟期根系干重仅为吐丝期的55%左右，而且在各个生育时期表现规律为宽窄行深松处理＞宽窄行不深松处理，在吐丝期和乳熟期达到显著水平，宽窄行深松处理分别较不深松处理高19.18%和18.41%。两个处理85%左右的根系都分布在0～15

厘米土层，在15～30厘米土层为10%左右，在30～45厘米土层仅为5%左右。两个处理根系分布随生育时期推进均呈现减少的趋势，而在15～30厘米未深松处理根系分布变化较小，深松处理则呈现增加的趋势。在30～45厘米土层两个处理随生育进程均有增加的趋势。不同生育时期，均为深松处理比未深松处理下层分布较多的根系（图8-2）。

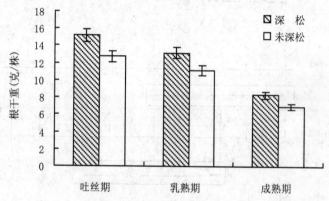

图8-2 深松对不同生育时期玉米根系干重的影响

（三）技术要点

1. **核心技术** 玉米宽窄行留高茬交替休闲种植模式是把普通耕法的均匀垄（65厘米）种植，改成宽行90厘米、窄行40厘米种植。玉米生长季节在90厘米宽行结合追肥进行深松，秋收时苗带窄行留高茬40厘米左右。秋收后用条带旋耕机对宽行进行旋耕，达到播种状态，窄行（苗带）留高茬自然腐烂还田。翌年春季，在旋耕过的宽行播种，形成新的窄行苗带，追肥期在新的宽行中耕深松追肥，即完成了隔年深松、苗带轮换、交替休闲的宽窄行耕种。

新模式的技术关键是通过缩小种植带窄行行距,加宽深松工作带(宽行),实施追肥期宽行深松,留高茬自然腐烂还田,秋季宽行旋耕整地,翌年春新形成的窄行精密播种,实现宽行和窄行交替休闲(图8-3)。

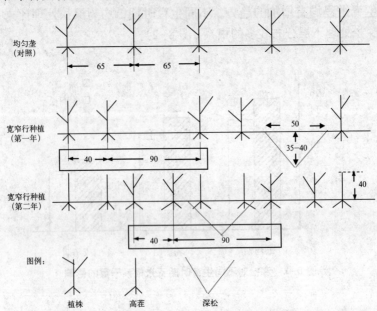

图8-3 玉米宽窄行留高茬交替休闲种植模式示意图(单位:厘米)

2. 配套农机设备

①两种型号的机械式精密播种机

第一种型号:2BJ-2、4、6行机械式精密播种机。

第二种型号:2BD半轴直传式精密播种机。

②3ZSF-1.86T2条带中耕深松追肥机 窄行V型深松铲,只松不翻,同时追肥,松后碎土。

③1GQN-320T3条带旋耕机 由连云港旋耕机集团研制,吉林省农科院改制。

④IYM型苗带镇压器 吉林省农科院研制。

（四）适宜区域与注意事项

新技术适合于雨养农业区，在东北三省平原区有广阔的推广前景，尤其是吉林和黑龙江两省的黑土区更为适用。注意环节包括以下几点。

1. **品种选择** 根据各地有效积温选择国审或所在省份审定推广的耐密、高产、优质玉米新品种，如在吉林省可选择生育期 125 ～ 130 天的中晚熟品种，如郑单 958、先玉 335 等。

2. **种植密度** 种植密度应较常规种植条件下增加10%左右，每 667 米^{2}种植密度 4 000 ～ 4 700 株。

3. **施肥水平** 施肥原则为减磷、增氮、加钾、补微量元素；推荐每 667 米^{2}施 N 13 ～ 14 千克，P_2O_5 6 ～ 7 千克，K_2O 5 ～ 6 千克。

九、"三比空密疏密"种植技术模式

玉米是一种边行效应明显的作物,目前玉米生产技术的研究多集中在如何改善玉米群体中的单株通风透光环境,以提高边际产量,从而达到提高总产的目的。国内外现有的玉米种植技术一般都采用常规垄作、大垄双行种植、比空种植等栽培形式,这些种植方式对玉米产量的提高都做出了很大贡献,但这些种植方式对边行效应的发挥具有一定的局限性。其缺点有以下3点:①常规垄作植株在田间均匀排布,没有边行效应,而大垄双行虽然增加了边行效应,但由于窄行的距离小(一般40~45厘米),也不利于边行效应的充分发挥。目前常用的二比空和四比空种植虽然在很大程度上提高了边行效应,但二比空将三行的植株数集中在两行,株距过小导致争夺营养;四比空则中间两行的边行效应差,对产量的提高都有一定的限制作用。②部分栽培形式需要特殊的整地和播种机械,增加了生产成本。③不能充分发挥单株个体的增产潜力。

"三比空密疏密"种植技术模式是在常规垄作、大垄双行、二比空、三比空、四比空和疏密交错栽培基础上,研究出的一种新型植株空间分布形式,比上述6种形式增产幅度在7%~13%,不用增加生产程序和成本,方法简单,容易操作。

(一) 增产增效原理

"三比空密疏密"种植技术模式,可有效提高玉米单株的边行效应,达到穗穗是边行,株株有优势,从而在增加密度的条件下,使玉米果穗均匀,单株生产能力一致,提高群体综合生产力,达到高产的目标(图9-1)。

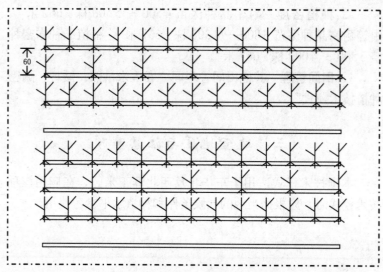

60

图 9-1　玉米"三比空密疏密"交错种植示意图（单位：厘米）

（二）技术要点

1．**种植方式**　玉米垄作或平作条件下，以 4 行为一个循环，即种植 3 行空 1 行，依此循环；单垄植株数量的分配原则是，根据所选用的玉米品种的种植密度，将所计划的 4 垄栽培株数有计划的分配到其余 3 垄上；各垄的栽植密度分别为，靠空垄两行的每垄株数为原计划 4 垄总株数的 2/5，中间行株数为原计划 4 行总株数的 1/5；播种采用机械播种，根据所选品种的种植密度，计算"三比空"栽培两个靠边行的栽培株数，制作播种盘，中间垄播盘株距增加 1 倍，或以同样的播种盘，在中间垄定苗时，隔株去除；采用人工播种则按照计算的两个边行株距播种边行，中间行株距加倍。

2．**品种选择**　"三比空密疏密"技术模式要求所选用品种应为具有边行效应的中大穗型，中秆，如郑单 958、辽单 565 等。

3．种植密度　耐密品种保苗 4 500 ~ 5 500 株/667 米^2；中等耐密品种保苗 3 800 ~ 4 300 株/667 米^2；稀植品种增密种植 3 500 ~ 4 000 株/667 米^2。

4．田间管理　其他田间管理同"春玉米早熟、矮秆、耐密种植技术模式"。

（三）适宜地区与注意事项

本项技术模式适用于东华北及西北春玉米区，在应用该项技术模式时，应根据当地的气候条件和种植水平参考使用。

十、京郊玉米雨养节水生产技术模式

北京市为资源型重度缺水地区，供需矛盾日趋尖锐，特别是近10年降雨持续减少，已从20世纪年平均降水585毫米下降至目前的447.3毫米。为保障社会稳定和经济发展，不得不超量抽取地下水和进行外部调水，结果导致地下水位因超采而持续下降、地表水逐年减少，水资源供应量日益恶化，成本不断上升，严重制约了北京地区社会、经济和生态等可持续发展。玉米作为北京市的主要农作物，生育时期与自然光、温和降水配置基本同步，改传统玉米生产灌溉种植为雨养节水栽培，每年至少可以节约水资源6 000万米³，节水潜力巨大。北京市农业技术推广站、北京市农林科学院等单位通过系统分析北京地区近50年的降水特点及年型变化，明确了京郊玉米生产具备雨养旱作条件，通过对京郊山区春玉米、平原春玉米、夏玉米3种种植方式和不同生态区气候限制因素及旱作生产制约因素技术攻关，研究开发出解决玉米雨养旱作难点的应对技术，并与传统常规技术配套，集成玉米雨养旱作节水综合技术体系，在生产中大规模推广应用。

(一) 增产增效情况

北京玉米雨养节水生产技术模式以提高玉米自然降水利用效率和节水灌溉为核心，在鉴选抗旱品种、等雨播种和等雨追肥等关键技术上取得突破，解决了"一次播种保全苗"、"规避卡脖旱"和"适期追肥与降雨衔接"的技术难题。围绕墒情和雨量的监测预报，建立土壤墒情及气象信息技术服务体系，以全面、准确、及时的气象信息服务保障玉米旱作技术体系的成功应用。该技术模式 2007 年开始在北京及周边地区推广应用，项目区玉米平均单产 424.1 千克，比项目实施前三年全市玉米平均单产增产 80.1 千克，玉米稳产及节水效果显著。

（二）增产增效原理

1. **不同生态区降水年型分布** 按照气象降雨年型划分标准，将 1959-2008 年间北京北部山区和平原地区的降水年型归纳于表 10-1 和表 10-2。结果表明，两个生态区降水正常年出现的概率最高，达到 70% ～ 74%；降水偏多年为 12% ～ 16%；降水偏少年为 12%，显著偏多年为 2%；显著偏少、异常偏少和异常偏多年未出现。玉米生长季降水年型分布显示，降水正常年概率为 66% ～ 72%，占绝对主导地位，降水偏多年概率为 10% ～ 14%，降水偏少年为 12% ～ 20%，显著偏多年为 2% ～ 4%，显著偏少、异常偏少和异常偏多年未出现。

表 10-1 1959-2009 年北京不同生态区降水年型分布

降水年型 **	北部山区			平原区		
	降水量（毫米）	年次数	概率（%）	降水量（毫米）	年次数	概率（%）
异常偏少	< 114	0	0	< 115	0	0
显著偏少	114 ～ 284	0	0	115 ～ 288	0	0
偏 少	285 ～ 426	6	12	289 ～ 432	6	12
正 常	427 ～ 712	36	70	433 ～ 720	37	74
偏 多	713 ～ 855	8	16	721 ～ 865	6	12
显著偏多	856 ～ 1026	1	2	866 ～ 1038	1	2
异常偏多	> 1026	0	0	> 1038	0	0
50 年降水均值	570	—	—	577	—	—

** 降水年型说明：正常年：降水量在常年值 ±25% 范围内；偏多年：降水量比常年增加 25% ～ 50%；偏少年：降水量比常年减少 25% ～ 50%；显著偏多：降水量比常年增加 50% ～ 80%；显著偏少：降水量比常年减少 50% ～ 80%；异常偏多：降水量比常年增加 80% 以上；异常偏少：降水量比常年减少 80% 以上

表10-2　1959-2009年北京不同生态区玉米生长季降水年型分布

降水年型**	北部山区			平原区		
	降水量 （毫米）	年次	概率 (%)	降水量 （毫米）	年次	概率 (%)
异常偏少	<106	0	0	<107	0	0
显著偏少	106～264	0	0	107～267	0	0
偏　少	265～396	6	12	268～401	10	20
正　常	397～661	36	72	402～670	33	66
偏　多	662～793	7	14	671～804	5	10
显著偏多	794～952	1	2	805～965	2	4
异常偏多	>952	0	0	>965	0	0
50年降水均值	529	–	–	536	–	–

** 降水年型说明：同表10-1

　　两种生态区年降水量和降水年型分析显示，玉米生长季降水量占年总降水量的93%左右，生长季降水年型变化比年降水年型变化相对剧烈，尤其是平原区降水偏少年明显增多，达到或高于降水正常年的概率明显减少，降水偏少时期主要发生在春季前期，要满足平原区春玉米特别是苗期生长水分需求，春玉米播种须适当推迟。根据国内外旱作生产的经验，北京地区降水量达到或高于正常年水平，玉米雨养旱作生产即可获得成功，京郊玉米适宜实行雨养旱作生产。

　　2．京郊雨热同步、降雨数量及分布与玉米需水基本耦合
北京市常年降雨量为570毫米左右。降雨量受季风影响，季节分布极不均匀，雨季一般始于7月上旬，终止于8月中旬，7、8两个月占全年总降水量的65%左右；5、6、9三个月占25%左右，其他几个月占10%左右（图10-1）。依据北京市气象局提供的近35年的资料，4月中旬至6月下旬降雨量≥15毫米的概率为95%，≥20毫米的概率为91%。北京地区热量分布与降雨基本同步，全年无霜期平原区为185天左右，山区为165天左右。

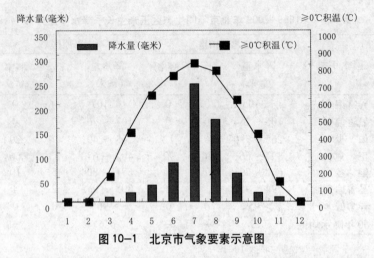

图10-1　北京市气象要素示意图

　　北京地区处于我国东华北春玉米和黄淮海夏玉米两大玉米主产区的交界地带，既有春玉米，又有夏玉米。春季少雨有利于玉米蹲苗扎根，盛夏高温多雨有利于旺盛生长，秋季气温稳定下降、日较差大，天晴干燥有利于正常成熟。玉米适播期间和关键生育期间一次性降透雨的保证率均在90%以上，为抢墒播种和等雨播种及中后期的追肥管理提供了前提条件。从气候资源状况分析，在降水和积温较为正常的年份，充分利用天然降水实施玉米雨养旱作是可行的。

　　（1）春玉米　近年京郊春玉米播种面积保持在120万亩以上，分布在京郊9个区（县）。在1959-2009年的51年间，9个区（县）春玉米生育期内平均年降雨量为513.50毫米（表10-3），与667米^{2}产800千克春玉米总耗水量（河北农业大学1991年测定）比较，北京地区降水多64.42毫米，表明京郊北部山区常年降雨量完全可满足春玉米高产需求。

　　从不同生育阶段看，春玉米拔节—抽雄和吐丝—成熟两个生育阶段的降雨量与高产玉米耗水量吻合度较高，有利于高产。

苗期常年平均降雨量为 87.45 毫米，尽管阶段降雨量比耗水量偏多 7.54 毫米，但日供水量偏少 42%，这主要是因为京郊北部山区春玉米该阶段温度较华北高产玉米温度偏低，生长持续时间较长所致。因此，通过适度延后播种期，使拔节—抽雄期较多的降雨匀一部分补给苗期应用，实践证明是利用自然降雨创高产稳产的有效技术措施。京郊山区春玉米抽雄—吐丝阶段正值北京雨季，降雨量较多，远远超过高产耗水量（表 10-3），因此应注意连续阴雨对玉米授粉结实的影响。

表 10-3　京郊山区春玉米生育期内降雨量及 800 千克 /667 米 ^{2} 产量
各生育阶段耗水量（单位：毫米）

生育期	平均降雨量	阶段耗水量	日供水量	日耗水量
播种—拔节	87.45	79.91	1.79	3.07
拔节—抽雄	163.67	151.57	5.86	5.05
抽雄—吐丝	54.82	16.65	7.68	5.55
吐丝—成熟	207.59	200.95	3.70	4.86~3.16
合　计	513.50	449.08	—	—

（2）夏玉米　京郊夏玉米播种面积为 93 万亩左右，主要分布在 6 个平原区（县）。在 1959~2009 年的 51 年间，夏玉米生育期内平均年降雨量为 440.32 毫米（表 10-4），与华北地区每 667 米 ^{2} 产 700 千克的夏玉米总耗水量（河北农业大学 1991 年测定）比较，多出 12.9 毫米，表明京郊平原区常年降雨量也完全可以满足夏玉米的高产需求。

从不同生育阶段看，夏玉米在前三个阶段的降雨量与耗水量高度吻合，日供水量均略高于耗水量，降雨条件十分有利于创高产。降水不足主要发生在灌浆阶段，常年平均降雨量仅 87.33 毫米，较华北地区 700 千克 /667 米 ^{2} 同阶段耗水量偏少约 100 毫米，日供水量少一半。因此，京郊夏玉米生产的主要技术难点是如何解决玉米后期缺水的问题。须采取农艺措施如加强中耕、麦秸还田，促进雨季降水储蓄，减少土壤蒸发和补充灌溉等。

表10-4 平原夏玉米生育期内降雨量及 700 千克 /667 米² 产量
在各生育阶段耗水量（单位：毫米）

生育期	多年平均降雨量	阶段耗水量	日供水量	日耗水量
播种—拔节	145.0	81.16	4.83	3.33
拔节—抽雄	180.6	142.74	6.95	4.63
抽雄—吐丝	27.39	20.33	5.47	5.35
吐丝—成熟	87.33	183.17	1.90	5.07 ~ 3.78
合　计	440.32	427.4		

3. 适宜不同种植方式的品种安全播种期　通过播期试验，明确了适宜北部山区春玉米、平原春玉米、夏玉米三种种植方式不同熟期主栽品种的安全播种时期。在安全播种期内，早熟品种的生育天数变化区间为 100~128 天，≥0℃ 活动积温不少于 2 502℃；中熟品种的变化区间为 110~135 天，≥0℃ 活动积温不少于 2 763℃；晚熟品种的变化区间为 112~142 天，≥ 0℃ 活动积温不少于 2 837℃。根据试验观测，结合北京地区多年气温资料统计和参考传统农作安排，将传统玉米收获时期拖后 7 ~ 10 天，既可提升玉米产量与品质，又不影响下茬小麦播种。据此推导出主栽品种安全播种日期，早熟品种临界安全播种日期为 6 月 26 日，中熟品种为 6 月 16 日，晚熟品种为 6 月 13 日（表 10-5）。

不同播期试验（图 10-2）表明，在 4 月 15 日至 6 月 30 日播种期内，参试品种的产量均先升后降，呈抛物线趋势变化。早熟品种早播易发生早衰，不利于高产和优质，其适宜播期为 5 月 15 日至 6 月 15 日。在特殊干旱情况下必须实行晚播时，早熟品种应作为首选品种。中熟品种产量随播期变化趋势与早熟品种大体相似，在6月上旬前播种，可以稳定获得550千克/667米²的产量，最适播种时期为4月底至6月初。晚熟品种适宜早播，其适播期为4月中旬至5月下旬。

表10-5　京郊主栽玉米品种的安全播种时期及临界安全播种日期

品　种	京单28	京科308	农大95	农大108	农大86	京科345
安全播种时期	4月15日～6月15日					
安全播种内生育天数的变化	100～123	104～128	110～135	110～135	112～139	113～142
临界安全播种日期	6月26日	6月22日	6月16日	6月16日	6月14日	6月13日
≥0℃活动积温	2502	2611	2763	2763	2814	2837

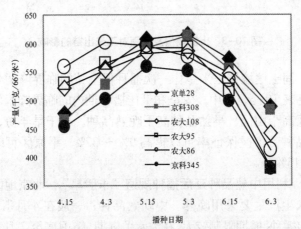

图10-2　播种期对玉米产量的影响

4．不同土壤墒情条件下一次播种保全苗的临界降雨量　通过人工创造土壤基础墒情和模拟降雨，研究不同土壤墒情条件下旱作玉米安全播种应该具备的临界降雨量结果表明，采取等

65

雨播种土壤基础含水量低于 8%，临界降雨量须达到 21 毫米；
土壤含水量 11%，临界降雨量须达到 7 ~ 14 毫米；土壤含水量
超过 14% 时，应降至 14% 时播种（图 10-3）。

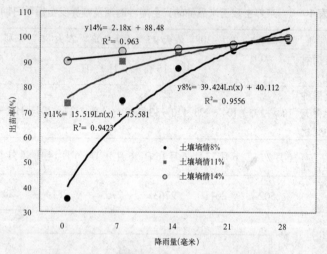

图 10-3　土壤墒情及降雨对玉米出苗的影响

　　不同土壤墒情玉米旱作一次播种保全苗的临界降雨量试验
结果见表 10-6，其中，安全和最佳播种期内的临界降雨保证率
平原区高于山区，早熟品种高于晚熟品种。在干旱年份，通过
调整品种，山区保证率可以提高 9% ~ 32%，平原区可以提高
2% ~ 15%。

　　4. 利用中熟品种延后播种规避"卡脖旱"　北京地区传统
春玉米生产主要采用晚熟、中晚熟品种，一般在 4 月下旬至 5
月上旬播种，播期限制较大，在需水关键期（6 月底至 7 月上旬），
正常年份还未进入雨季，生产上易发生"卡脖旱"。北京市农业
技术推广站试验显示，选用中熟品种在 5 月 24 日播种，7 月 2
日拔节，7 月 25 日抽雄，9 月 22 日成熟，抽雄期正好遇上丰雨
季节，可以获得丰收。选用京单 28、京科 25 等中熟、中早熟品种，

其播种期比较灵活，可以迟至 5 月底甚至 6 月上旬播种，平原区可以迟至 6 月下旬播种，使孕穗期 – 开花期的需水关键期与降雨集中的时期相一致。

表 10–6　京郊玉米等雨播种不同降雨量保证率

(1979–2008 年，一次性降雨量)

生态区	品种熟期类型	安全播种期（月．日）	降雨保证率（%）			最佳播种期（月．日）	降雨保证率（%）		
			≥ 21 毫米	≥ 14 毫米	≥ 7 毫米		≥ 21 毫米	≥ 14 毫米	≥ 7 毫米
山区	早熟品种	4.15 ~ 6.10	69%	83%	96%	5.15 ~ 5.25	26%	43%	65%
	中晚熟品种	4.15 ~ 5.30	58%	79%	96%	5.1 ~ 5.20	31%	49%	78%
	晚熟品种	4.15 ~ 5.20	37%	60%	87%	4.15 ~ 5.15	32%	59%	81%
平原区	早熟品种	4.15 ~ 6.26	84%	93%	100%	5.15 ~ 6.10	68%	79%	87%
	中晚熟品种	4.15 ~ 6.16	73%	83%	100%	5.1 ~ 5.30	53%	69%	90%
	晚熟品种	4.15 ~ 6.3	69%	80%	98%	4.15 ~ 5.20	51%	70%	93%

多年气候资料统计分析与生产实践效果显示，采用中熟、中早熟品种，结合等雨播种、抢墒播种、种衣剂和保水剂复合应用等措施，降水的保证率均可达到 90% 以上，中熟、中早熟品种拔节至吐丝需水关键期与自然降水高度吻合，因而可以躲过“卡脖旱”。

5．重施底肥与适期等雨追肥　采取早施、深施肥技术，可以有效促进玉米根系生长和下扎，达到以肥调水、充分利用土壤深层水分的目的。

不同时期追肥对倒折率、空秆率的影响见图 10–4。倒折率和空秆率均与追肥时期呈极显著二次回归关系（$r_{倒折}=0.9884^{**}$，$r_{空秆}=0.9004^{**}$），在 5 ~ 9 叶展期追肥，能降低玉米倒折与空秆风险，追肥过早或过晚均将增大倒折与空秆风险。

由表 10–7 可见，每 667 米^2 穗数、穗粒数和千粒重均随追肥时期的延迟不断增加，达到高峰后又随着追肥时期的延迟不断减少。在 5 ~ 9 叶展期追肥，各产量构成因素表现均较好，有利于取得高产稳产，过早或过晚追肥会导致产量构成因素降减，继而影响产量。玉米适宜追肥期为 5 ~ 9 叶展期，最佳追肥期为 5 ~ 7 叶展期，低肥力田块应适当早追，高肥力田块适当晚追。

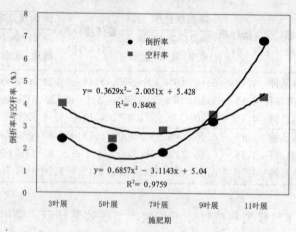

图 10-4　追肥时期对玉米倒折率和空秆率的影响

表 10-7　不同时期追肥对玉米产量及其构成因素的影响

处　理	收获穗数 （穗／667 米²）	穗粒数 （粒／穗）	千粒重 （克）	产量（千克 ／667 米²）
3 叶展	4740.7	436.5	302.5	577.7
5 叶展	4789.8	432.0	308.8	600.3
7 叶展	4810.6	434.0	316.0	608.1
9 叶展	4800.4	434.0	315.3	595.0
11 叶展	4710.0	413.3	311.3	553.8

（三）技术要点

1. 播前准备

（1）整地　前茬作物秸秆收获利用或就地覆盖还田，土壤免耕。提倡整秆覆盖，由于这种方式秸秆残留量大，稳定性好，更有利于减少冬、春季节水分的蒸发和蓄纳自然降水、减少径流。

（2）种子　选用达到国家种子质量大田用种标准的种子。用种衣剂或高效、低毒药剂处理种子。种衣剂可选用兼具抗旱效果的产品；针对保护性耕作丝黑穗病加重的问题，可选用20%三唑酮乳油拌种防治。

（3）肥料　根据土壤肥力、产量水平和品种需肥特点平衡施肥。增施有机肥，改善土壤物理性状，发挥土壤蓄水、保水、供水的能力，又可以提高玉米的耐旱力。增施磷、钾肥，可提高作物耐旱性。选用腐熟农家肥或精制有机肥。腐熟农家肥用量一般在 1 000 千克 /667 米 ^{2} 以上，精制有机肥用量一般在 400 千克 /667 米 ^{2} 以上，将有机肥于播前均匀撒入田间。

春播玉米化肥用量为 N 14 ～ 16 千克 /667 米 ^{2}、P_2O_5 7 ～ 8 千克 /667 米 ^{2}、K_2O 8 ～ 12 千克 /667 米 ^{2}。夏播玉米化肥用量为 N 12 ～ 14 千克 /667 米 ^{2}，P_2O_5 3 千克 /667 米 ^{2} 左右，K_2O 8 ～ 12 千克 /667 米 ^{2}。磷、钾肥全部作底施。选用缓释氮肥，可将全生育期的施氮量一次性底施；而用速效氮肥，40% 底施，也可用玉米专用复合肥 15 千克 /667 米 ^{2} 作底肥。应根据播种机的具体情况，调节和确定底肥用量，原则是重施底肥，但应避免化肥烧种子。

（4）保水剂　一般每 667 米 ^{2} 施用高效保水剂 1 千克，与肥料或土壤混合后施用，施用深度为 15 厘米。

2. 播　种

（1）播期　当 0 ～ 10 厘米土层温度稳定在 12℃以上时播种。

京郊山区春玉米适宜播种期为4月下旬至5月上旬；平原春玉米为5月中旬至6月中旬；夏玉米为6月中下旬。

(2) 等雨播种　北京地区4月中旬至6月底至少一次≥15毫米透雨的概率为95%，至少一次≥20毫米透雨的概率为91%。具体等雨播种方案为：一旦降雨达到15毫米以上及时抢墒播种；根据生态区、种植制度、降透雨时间，选择适宜熟期品种（表10-8）；配套应用深播浅盖，播后镇压提墒等技术，确保一次播种保全苗。

表 10-8　玉米等雨播种方案

生态区	种植制度	降雨时间	选用玉米品种
平原区	一年两熟小麦、夏玉米	6月中旬~6月下旬 7月上旬	生育期100天以内品种 熟期短的备荒种子
	两年三熟小麦、玉米	5月上旬~5月下旬 6月上旬~6月下旬 7月上旬	生育期125天左右品种 生育期100天以内品种 熟期短的备荒种子
	一年一熟春玉米	5月上旬~6月上旬 6月中旬~6月下旬 7月上旬~7月中旬	生育期125天左右品种 生育期100天以内品种 熟期短的备荒种子
冷凉山区	一年一熟春玉米	4月中旬~5月上旬 6月上旬~6月中旬 6月下旬	生育期125天左右品种 生育期100天以内品种 熟期短的备荒种子

（3）辅助及应急播种　北部山区春播玉米可充分利用土壤返浆水，抢墒播种，有利于争取光热资源。但要求具备两个条件：一是地温稳定达到12℃以上；二是土壤含水量在14%以上。如果存在缺苗断垄问题，或在无霜期短的北部深山区，土壤墒情不足，为保证玉米有足够的生育时期，可利用多功能坐水播种机坐水抗旱播种。

（4）播种量　一般每667米^{2}播种量以2.5~3.5千克为宜。

（5）播深及行距　播深一般为3~6厘米，最佳播深为4厘米；机收籽粒玉米行距为70厘米，青饲玉米行距为60~65厘米。

3．化学除草与杀虫

（1）药剂的选择与用量　可选用的除草剂、杀虫剂及剂量、用量见表10-9。

表10-9　除草剂和杀虫剂、有效成分、剂型、用量

药剂类型	药剂名称及剂型	用量（毫升／667米^2）或稀释倍数	备　注
除草剂	38% 莠去津 SC	150 ～ 200	
	50% 乙草胺乳油 EC	100	
	20% 百草枯（WC）或	100 ～ 150 或	当土壤表面有大量明草时用，若草多时使用高剂量
	41% 草甘膦（水剂）	100 ～ 200	
杀虫剂	25%氰戊・辛硫磷乳油	1 500 倍液	黏虫超过 5 头／米^{2}时用
	10%阿维・高氯	1 000 倍液	

（2）使用方法　采用机械喷药。将上述（表10-9）剂量的除草剂、杀虫剂对清水 20 ～ 40 升 /667 米^2，混合后于播后苗前地面喷药，进行土壤封闭。喷药过程不要重喷、漏喷。土壤表面潮湿时喷药除草效果更好。

4．田间管理

（1）定苗　5 叶期前完成定苗，应根据选用的品种特性和当地土壤肥力水平确定留苗密度。

（2）追肥　全生育期氮肥总量的 60% 于拔节至小喇叭口期追施，实际追肥用量根据底肥施入纯氮量调整。

（3）中耕　雨养玉米田块必须进行中耕，应结合施肥进行。中耕的好处有以下 4 点：一是雨季蓄水；二是松土利于玉米根系发育；三是结合施肥培土，利于提高肥料利用率和抗玉米倒伏；四是除草。

（4）遇"卡脖旱"叶面喷施抗旱剂　抗旱剂是一种调节植

71

株生长型的抗蒸腾抑制剂，其主要作用是减少叶片气孔开张度，减缓蒸腾，喷洒一次可使气孔导性降低持续12天左右。如果玉米拔节—开花期遭遇持续干旱，通过叶面喷施抗旱剂技术，可安全度过"卡脖旱"。

（5）防治虫害　主要虫害防治对象及方法见表10-10。

表10-10　虫害防治对象及方法

防治对象	防治时期	药剂、剂型	用量	方法
玉米螟	心叶中期	Bt乳剂	200倍液毫升/667米^2～300倍液毫升/667米^2	对清水10升灌心，每株2毫升
	成虫产卵始盛期	释放赤眼蜂	放蜂量1.5万头/667米^2～3万头/667米^2	每667米^{2}放5～10个点，将蜂卵挂在玉米植株中部叶背
黏虫	苗期及中后期	25%氰戊·辛硫磷乳油1 500倍液，或10%阿维·高氯1 000倍液进行喷雾防治	1 500倍液或1 000倍液	苗期百株虫量超过5头，中后期百株虫量超过20头

5. **收获**　玉米苞叶完全枯黄并松开，玉米进入完熟期，籽粒基部与穗轴连接处出现"黑层"、乳线消失后收获，籽粒含水率达到30%以下。

6. **土壤深松**　雨养玉米的核心技术之一是保护性耕作，当实施保护性耕作技术3～4年后，农田产生板结，须进行土壤深松。疏松土壤不仅利于根系生长，还利于土壤蓄纳雨水。深松时间以玉米收获后至上冻前进行为好，可选用安装翼铲的深松机作业，耕深要求25～35厘米，耕宽1.2米左右。

（四）适宜区域与注意事项

本技术模式适用于北京市及周边地区。采用该模式，需要与当地气象部门紧密协作，及时掌握气象信息，特别是降雨信息；同时做好土壤墒情监测服务，保障技术准确应用。另外，遇特大干旱，应综合考虑干旱可能造成的危害程度、波及范围、影响力大小，及时发布干旱等级预报，必要时应采取补充灌溉。

十一、内蒙古平原灌区玉米高产高效种植技术

内蒙古平原灌区玉米生产中普遍存在耕层"浅、实、少"、蓄水保肥能力低、水肥管理粗放、密植群体倒伏、早衰重等问题。据调查，内蒙古平原灌区平均耕层厚度为 16.7 厘米，远低于 22 厘米的最低要求，与美国 35 厘米的耕层深度更是相差甚远；平均耕层土壤容重达 1.46 克／厘米^3，犁底层容重 1.55 克／厘米^3，超过玉米根系生长发育的适宜容重范围（1.1 ～ 1.3 克／厘米^3）；而氮肥偏生产力不足 45 千克／千克，水分利用效率仅为 1 千克／（毫米 667 米^2）。主产区对玉米高产高效配套栽培技术的需求十分迫切。

针对内蒙古平原灌区玉米生产中普遍存在的问题，内蒙古农业大学玉米生理生态及决策系统研究室以 20 余年玉米高产优化栽培研究积淀为基础，对耕层培育改良技术、群体质量调控技术、养分综合管理技术、节水优化灌溉技术等关键增产增效技术措施进行系统集成，形成了"内蒙古平原灌区玉米高产高效栽培技术规程"，并被认定为地方标准发布实施。

（一）增产增效情况

2007-2009 年，该技术模式在内蒙古西辽河、土默川和河套三大平原灌区示范推广 526.6 万亩，平均每 667 米^2 产量为 806.3 千克，每 667 米^2 增产 50 千克以上，水肥生产效率提高 15% 以上。

（二）增产增效原理

1. **通过深松耕打破"犁底层"，有效增加降水渗入补给量，促进根系生长**　从降水量和土壤含水量观测结果来看，通过连年深松耕改土作业，降水后土壤水分补给量占降雨量的百分比逐年增大，蓄水能力逐渐增强（表11-1），扩大土壤水库。同时，深松耕作业有助于玉米根系的生长，增强水肥的吸收利用能力。从试验结果看（图11-1，图11-2），高产高效栽培模式中玉米根系生物量明显高于对照，且吐丝后更加明显。与对照相比，根系向20厘米土层以下扩展比例增加，说明高产高效栽培模式深松耕作业为玉米根系发育创造了良好的土壤环境，有利于根系充分利用深层土体的水分和养分。

表11-1　高产高效模式增加土壤蓄水量的效果

降水时间	2007年6月19日	2007年8月4~5日	2008年6月23日	2009年7月15日
降水量（毫米）	47.5	45.1	43.0	48.0
对照地块：补给量（毫米）/占降水量的比例	31/65%	37.2/82%	36.3/84%	40.2/83.8%
高产高效模式：补给量（毫米）/占降水量的比例	32.6/68.7%	41.44/89.16%	41.08/91.74%	46.6/97%

2. **合理密植，构建耐密抗倒高产高效群体**　根据内蒙古平原灌区主导品种密度试验和多点高产高效示范田的产量调研结果，建立了基于不同产量目标的高产高效合理密植技术，提出

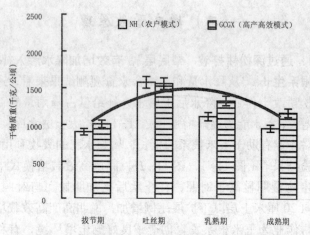

图 11-1 不同模式下玉米群体根系干物质积累比较

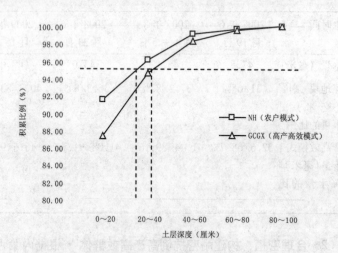

图 11-2 不同模式下各层次根系累积量占总量的比例

了玉米高产高效 800 ~ 1000 千克 /667 米^2 和 1000 千克 /667 米^2 以上的目标产量（表 11-2）。通过选用郑单 958、先玉 335、内单 314、KX3564 等耐密高产品种，将种植密度由目前的不足 4000 株 /667 米^2 提高到 4 500 株 /667 米^2 以上，提高群体光能利用效率，构建耐密抗倒高产高效群体，增产 12.5% ~ 21.3%（表 11-3）。

表 11-2　玉米高产高效栽培合理密植群体目标产量构成

适宜区域	产量目标（千克 /667 米^2）	每 667 米^2 穗数	穗粒数	单穗粒重（克）	千粒重（克）
内蒙古平原灌区	800 ~ 1000	4500 ~ 5500	524 ~ 568	172 ~ 190	331 ~ 349
内蒙古平原灌区	1000 以上	5000 ~ 6000	516 ~ 555	180 ~ 200	347 ~ 360

表 11-3　玉米高产高效群体不同密度下的产量结构及增产情况

模式	调查样点数	穗数（穗 /667 米^2）	穗数（穗 /667 米^2）	穗粒数	千粒重（克）	产量（千克 /667 米^2）	比对照增产（%）
对照	6	3500 ~ 4500	3986.4	611.5	392.1	812.4	—
高产高效	5	4501 ~ 5000	4628.9	598.4	387.8	914.0	12.5
高产高效	8	5001 ~ 5500	5367.8	565.4	361.2	902.5	14.7
高产高效	6	5501 ~ 6000	5813.1	554.5	360.6	985.6	21.3

3. 按产量目标和土壤肥力配方施肥，提高肥料利用率　在对各地高产高效地块玉米营养特性进行监测分析的基础上，明确了内蒙古平原灌区玉米养分需求规律（表 11-4），实现 800 千克 /667 米^2 以上产量的百千克籽粒 N、P_2O_5、K_2O 的需要量为

2.33 千克、1.08 千克、3.37 千克,平衡吸收比例 N : P_2O_5 : K_2O
为 2.16 : 1 : 3.12;实现 1 000 千克 /667 米 ^{2} 以上产量的百千
克籽粒 N、P_2O_5、K_2O 的需要量为 2.28 千克、1.00 千克、2.16
千克,产量越高,对肥料的利用越经济。以此为基础,建立了
基于土壤安全的平衡配方施肥技术,根据产量目标和土壤肥力
状况总量优化。磷肥和钾肥作种肥一次性侧深施;氮肥改传统
的"一次追肥"为分期施用,采用轻施秆肥、重追穗肥的调控方法,
提高肥料当季利用效率。

表 11-4　高产高效栽培不同产量目标下的玉米营养需求指标

产量目标	百千克籽粒需要养分(千克)		
(千克 /667 米 ^{2})	N	P_2O_5	K_2O
800 ~ 1000	2.33	1.08	3.37
1000 以上	2.28	1.00	2.16

4. 适期调亏灌溉实现节水和高产双赢　　通过对内蒙古平原
灌区玉米田连年多点的土壤水分监测,内蒙古三大平原灌区玉
米全生育期需水量为 513 ~ 530 毫米,西部区比东部区需水量
多 10 ~ 15 毫米。阶段需水比例上,抽雄前需水量约占总需水
量的 55%,抽雄后占 45%(表 11-5)。

表 11-5　内蒙古平原灌区玉米阶段耗水量、模系数及日耗水量

地　区　　　阶　段	出苗 -拔节	拔节 -抽雄	抽雄 -成熟	全 生育 期
	5 月上旬 ~ 6月中旬	6 月中旬 ~ 7月下旬	7 月下旬 ~ 9月下旬	

西辽河平原灌区	阶段耗水量（毫米）	91.4	191.9	229.6	513.0
	模系数（%）	17.8	37.4	44.8	—
	日耗水量（毫米）	2.4	4.9	4.0	3.8
土默川平原灌区	阶段耗水量（毫米）	97.8	191.3	240.3	529.4
	模系数（%）	18.5	36.1	45.4	—
	日耗水量（毫米）	2.6	4.9	4.2	4.0
河套平原灌区	阶段耗水量（毫米）	97.7	189.3	240.4	527.4
	模系数（%）	18.5	35.9	45.6	—
	日耗水量（毫米）	2.6	4.9	4.2	13.9

以玉米阶段需水规律为基础，通过适期调亏灌溉可以达到节水和高产双赢的目的。试验结果表明，拔节期和小喇叭口期调亏灌溉能显著降低不同生育阶段玉米群体的耗水量和耗水强度，总耗水量分别较对照降低 23.7%、21.5%（表 11-6）。拔节期和小喇叭口期调亏灌溉可以在减少灌溉量 40 ～ 80 米^3/667 米^{2}的条件下，通过显著提高水分利用率 20% 以上，实现增产或产量不降低。为保证雌穗小花顺利分化和群体库容潜力，调亏时期以拔节期至小喇叭口期为宜（表 11-7）。以玉米阶段需水规律和调控补偿增产为基本原则，生产中变春汇地为结合秋深松耕冬汇，变苗期大量浇水为根据干旱程度适时、适量浇水，强化蹲苗，促进地下根系下扎，增强玉米植株抗倒伏能力；变玉米生育期间等雨为拔节至小喇叭口期调亏灌溉，及时满足玉米抽雄开花期、灌浆期对水分的需求，使土壤含水量保持田间土壤持水量的 70% ～ 80%，增加土壤湿度，提高花粉活力，保证受精增粒数，减少果穗秃顶，满足叶片蒸腾需求，促进灌浆。

表11-6 调亏灌溉对玉米不同生育阶段耗水状况的影响

处 理	生育阶段							
	出苗-6展叶		6展叶-抽雄		抽雄-成熟		出苗-成熟	
	耗水量（毫米）	耗水强度（毫米/天）	耗水量（毫米）	耗水强度（毫米/天）	耗水量（毫米）	耗水强度（毫米/天）	耗水量（毫米）	耗水强度（毫米/天）
拔节期调亏	86.97a	2.29b	119.21c	3.06c	197.60b	3.47b	403.78b	3.01b
小口期调亏	95.23a	2.51ab	159.06b	4.08b	161.31c	2.83c	415.60b	3.10b
抽雄期调亏	96.80a	2.55a	187.44a	4.81a	209.85b	3.68b	494.09a	3.69a
CK	97.79a	2.57a	191.34a	4.91a	240.30a	4.22a	529.43a	3.95a

注：表中字母表示差异达显著差异，下表同

表11-7 调亏灌溉对玉米产量和水分利用效率的影响

处 理	穗粒数	千粒重（克）	籽粒产量（千克/667米^2）	WUE[千克/（毫米·667米^2）]	土壤水分利用效率[千克/（毫米·667米^2）]
拔节期调亏	604.0 ab	312.5 c	1132.5a	2.8 a	6.3a
小口期调亏	587.2 ab	350.6 ab	1235.1a	3.0 a	6.5a
抽雄期调亏	550.0 b	361.0 a	1191.4a	2.4 b	4.4c
CK	614.8 a	323.1 bc	1191.9a	2.3 b	5.2 c

在集成上述关键技术基础上，形成了"内蒙古平原灌区玉米高产高效栽培技术规程"并示范推广。2009年通辽市义庆合镇核心示范100亩，产量达857.3千克/667米^2，较对照（一般农户）提高26.8%；氮肥偏生产力达54.4千克/千克，提高25.3%；WUE（水分利用效率）达1.27千克/（毫米·667米^2），提高26.7%；每667米^{2}经济效益提高30.45%（表11-8）。

表 11-8 通辽市义庆合镇玉米高产高效模式示范产量及水肥生产效率

模 式	产量（千克/667米²）	经济效益（元/667米²）	施肥量（千克/667米²）			偏生产力（千克/千克）			WUE（千克/（毫米·667米²）
			N	P₂O₅	K₂O	N	P₂O₅	K₂O	
农户	676.3	597.6	15.6	4.6	5.0	43.4	147.0	135.3	1.00
高产高效模式	857.2	859.1	15.8	3.3	1.5	54.4	263.8	571.5	1.27

（三）技术要点

内蒙古平原灌区玉米高产高效栽培模式的核心技术包括深松耕改土培肥技术、群体质量调控技术、养分管理技术、优化灌溉技术，其技术规程主要包括备耕整地、精细播种、田间管理 3 个主要管理过程的 15 个操作环节。

1. 备耕整地

（1）选地 选择地势平坦，井渠配套，土层厚度 50 厘米以上，熟土层 20 ~ 30 厘米，经测定土壤有机质含量 1% ~ 2%，碱解氮 80 ~ 120 毫克/千克，速效磷 10 ~ 16 毫克/千克，速效钾 120 ~ 190 毫克/千克，有效锌含量 0.6 ~ 0.8 毫克/千克的地块。

（2）秋翻 秋收后即时灭茬，施腐熟有机肥 3 000 千克/667 米² 以上；深松耕 22 厘米以上，将根茬、有机肥翻入土壤下层，逐年加深耕层。

（3）整地 秋翻后及时耙碎坷垃，修成畦田，平整土地，并达到埂直、地平；土壤封冻时进行冬灌，灌水量 80 ~ 100 米³/667 米²。

在春季土壤表层昼化夜冻的顶凌期，要即时耙地、耱（耢）地，使耕层上虚下实，将土壤含水量保持在田间持水量的 70% 以上。

2．精细播种

（1）选种　根据各地主导品种按照熟期进行选择。选用适应性强、高产、优质、多抗、耐密植的紧凑型优良杂交种。种子纯度96%以上，净度98%以上，发芽率95%以上的包衣种子。

（2）播期　当5～10厘米地温稳定通过8℃～10℃，土壤耕层田间持水量在70%左右时，进行机械精量点播。

（3）种肥　选用精量种、肥分层播种机，播种时每667米^{2}深施磷酸二铵15.2千克、硫酸钾6千克（含K_2O 50%）。

（4）播种　依品种特性，种植密度在4 500～5 500株／667米^2。等行距种植，行距50厘米；宽窄行覆膜种植，宽行60～70厘米，窄行30～40厘米，播深5～6厘米。

$$注：株距（厘米）= \frac{666.7 \times 10^4}{每667米^2株数 \times 行距（厘米）}$$

3．田间管理

（1）苗期管理　当玉米3～4片叶展开时，结合浅中耕间苗，去除弱苗、杂苗，留匀苗、壮苗；5～6片叶展开时，结合深中耕定苗。如缺苗时，可就近或邻行留双苗。

（2）穗期管理

①去蘖　6月中旬玉米拔节后，陆续长出分蘖，应即时去除。

②追肥　小喇叭口期，采用深松追肥机追尿素37.5千克／667米^2，达到施肥后深松覆土效果，并及时浇水，灌水量40～50米^3／667米^2。

③防倒　玉米进入拔节期后，用玉米健壮素，以667米^{2}用量30毫升，对水15～20升，在玉米8～9片叶展开时（6月下旬）均匀喷于玉米上部叶片上。

④防虫　当二代黏虫、玉米螟、蚜虫、红蜘蛛、双斑萤叶甲等发生危害并达到防治指标时，应选用广谱、高效、中毒或低毒的杀虫剂，用喷雾器对每株玉米进行喷施。对于玉米螟为害，

也可在玉米螟卵期,释放赤眼蜂 2 ~ 3 次,每 667 米² 释放 1 万 ~ 2 万头;或用高压汞灯或频振式杀虫灯诱杀越冬代螟虫。

（3）粒期管理

①授粉　玉米散粉盛期于晴天上午 9 ~ 11 时,2 人举顶部用细绳相连的竹竿,顺畦埂平移,使得细绳横扫雄穗,进行隔日人工辅助授粉 2 ~ 3 次。

②灌水　视土壤墒情,及时灌溉。抽雄期灌水 60 ~ 70 米³/667 米²。8 月中下旬,若土壤田间持水量低于 70% 时,按 50 ~ 60 米³/667 米² 的定额灌水 1 ~ 2 次。

③收获　当玉米籽粒乳线消失、黑层出现时,采用玉米摘穗收获机机械化收获,收获时同步粉碎秸秆还田。

（四）适宜区域与注意事项

该技术模式适用于内蒙古西辽河流域、河套平原灌区、土默川平原灌区及生态条件相近且具备灌溉条件区域。该技术模式实施中可结合应用地区具体情况做适当调整,应用中应注意以下事项。

①若地膜覆盖栽培,应选较当地主栽品种生育期延长 7 天左右或所需积温多 150℃ ~ 300℃ 的品种。

②蒙东地区于 4 月下旬至 5 月初播种,蒙西地区 4 月中下旬播种;覆膜玉米可比裸地栽培玉米提前播种 7 天左右。

③玉米进入拔节期后,喷施玉米健壮素时,应注意玉米健壮素不能与碱性农药混用。

④施肥量计算应针对不同地区产量目标、土壤肥力和肥料种类等情况,依据"实测 667 米² 产玉米籽粒在 800 千克以上(籽粒标准含水率 14%),每生产 100 千克玉米籽粒所需要的纯 N、P_2O_5、K_2O 分别为 2.33 千克、1.08 千克和 3.37 千克,平衡吸收比例为 $N : P_2O_5 : K_2O = 2.16 : 1 : 3.12$"研究结果,进行平衡

施肥量的计算。即施肥量(千克/667米^2)=[目标产量(千克/667米^2) ×100千克玉米籽粒所需要的养分量(千克)÷100− 土壤中可提供的养分量(千克).]÷ 肥料当季利用率(%)÷ 肥料有效含量(%)。

附表 内蒙古平原灌区玉米高产高效栽培技术模式图

区域	本模式适用于内蒙古西辽河流域、河套平原灌区、土默川平原灌区								
目标	玉米产量达到800千克/667米²（标准含水率14%）以上或比一般生产田增产15%以上，水分利用效率提高15%~20%，氮肥生产效率达到40~60千克/千克								

时期	10~11月	2~3月	4月	5月	6月	7月	8月	9月	10月
			上旬　中旬　下旬	上旬　中旬　下旬	上旬　中旬　下旬	上旬　中旬　下旬	上旬　中旬　下旬	上旬　中旬　下旬	上旬　中旬　下旬
进程图片	秋整地、冬灌	整地、备耕	播种	苗期	苗期	拔节期	大喇叭口期	吐丝-灌浆	成熟期
主攻目标	秋整地、冬灌	保墒，选耐密高产品种	适期早播，提高播种质量	苗全、苗壮、苗齐		促叶壮秆、粒多	穗多、穗大、粒多	防早衰、争粒多、增粒重	适时收获
技术指标		深松耕22厘米以上	耐密、产量潜力≥800千克/667米²；播深5~6厘米，种肥隔离4~6厘米	苗保4200~5000株		叶面积指数2~4	最大叶面积指数5~7		667米²穗数≥4000株，穗粒数≥560粒，千粒重≥360克
主要技术措施	秋整地：灭茬，施腐熟有机肥3000千克	春整地：土壤昼化夜冻有顶凌期，即顶凌期	播种：5~10厘米土壤稳定通过8℃~10℃，即时	间苗：3~4片叶展开，结合浅中耕间苗		去蘖：6月中旬拔节后，对有分蘖的品种及时打权去蘖	灌水：抽雄期灌水60~70米³/667米²		收获：当玉米籽粒乳线消失，黑层

续附表

主要技术措施					
克/667米²以上；深松耕20厘米以上；耙碎坷垃，修成畦田，地平、直，冬灌：土壤灌水80~100米³/667米²封冻时 耙，糖保墒，深松耕20厘米以上保持土壤含水量在田间持水量的70%以上；耙碎坷垃，修成畦田，地平、直，冬灌：土壤灌水	蒙西4月中下旬，蒙东5月上旬至5月初，选用精量播种、肥分层播种机械播种。种肥：磷酸二铵15.2千克，硫酸钾6千克(K₂O 50%)。密度：4 500~5 500株/667米²。除草：播后苗前喷施除草剂	定苗：5~6片叶展开时，结合深中耕，就近留双苗。如缺苗，或邻行留双苗	追肥：小喇叭口期，结合深松耕追尿素37.5千克/667米²，施肥后及时浇水。灌水量40~50m³/667米² 防倒：在玉米8~9片叶展开时，喷施玉米健壮素，每667米²用量30毫升，对水15~20升，均匀喷于玉米上部叶片上 防虫：黏虫、玉米螟、红蜘蛛、双斑萤叶甲等达到防治指标时，选用广谱、高效、低毒的杀虫剂及时防治	8月中下旬，若土壤田间持水量低于70%时，按50~60米³/667米²的定额灌水1~2次	采出现时，用玉米摘穗收获机收获，同步粉碎秸秆还田

十二、西南玉米雨养旱作增产技术

西南山地玉米常年种植 7 000 万亩左右，目前平均有效灌溉面积不足 10%，多数无法灌溉，玉米种植多靠雨养。此外，土壤贫瘠，施肥水平只相当于全国平均水平的 79.2%，土地生产效率不高。与此同时，传统的旱坡地耕作技术秸秆还田操作困难，雨季水土流失严重。针对上述问题，四川省农业科学院通过多年研究和生产实践，形成了西南玉米雨养旱作增产技术模式。

（一）增产增效情况

据四川省农业科学院 2003—2008 年的定位监测和多点试验，以及各地示范情况，该技术的地表径流比对照（传统耕作）减少了 67%，土壤含水量平均提高 5% ~ 10%，每 667 米^2 新增蓄集降水 10 米^3 以上，每 667 米^2 玉米较传统技术增产 4.6% ~ 15%，全年每 667 米^2 增收粮食 62 千克，节约用工成本 60 元，增收节支 143 元。

（二）增产增效原理

该技术模式通过集成适雨播种、垄作抗逆、覆盖保墒、水肥耦合等关键技术，达到高效利用降水资源，提高玉米产量的目的。

1. 减少水土流失，提高降水利用率　四川省农业科学院试验表明，雨养旱作技术模式较对照地表径流量减少 45.3%，相应的土壤流失量较对照减少 80.0%。产量较对照平均增产 5.2%，周年降水利用效率平均提高 0.04 千克／毫米 667 米^2。

2. 培肥土壤　土壤有机质含量、碱解氮含量雨养旱作技术模式较对照分别提高 0.11 克／千克和 5.0 毫克／千克，5 ~ 10 厘米土壤容重较对照降低 9.6%。可见，雨养旱作技术增加了土壤有机质含量，降低了土壤耕作层容重。

（三）技术要点

1. 带植适雨早播技术 玉米带植方式概括起来有宽厢带植型、中厢带植型、窄厢带植型和复种带植。宽厢带植型有双六〇（小麦、玉米各占 2 米，玉米带内种 4 行玉米），双五〇（小麦、玉米各占 1.67 米，玉米带内种 4 行玉米），适宜于浅丘及平坝三熟制地区，配置中熟紧凑型玉米品种，利用玉米播前的冬春空闲地和收后的秋闲地种植养地的豆科、青饲料等作物，发展粮经饲三元结构，玉米可在适期内尽量早播。中厢带植型如双三〇（小麦、玉米各占 1 米，玉米带内种 2 行玉米），双二五（小麦、玉米各占 0.83 米，玉米带内种 2 行玉米），三五二五（小麦带宽 1.17 米，玉米带宽 0.83 米种 2 行玉米），以上三种方式，适宜在深丘麦（油菜、马铃薯）套玉米及低山区发展粮饲高产模式，选择中熟、中熟偏晚的大穗型玉米品种抢早春播。窄厢带植型如双 18（小麦、玉米带各占 0.6 米，玉米带内种 1 行玉米），该方式共生期争光、争肥、争水矛盾突出，只适宜夏播地区"迟中争早"和盆周山区海拔 1200 米以上一熟有余两熟不足地区，选择中早熟品种，实行马铃薯玉米套作。复种带植，有水稻－冬玉米带植、冬炕土－春玉米带植等方式。播期在避开所在区域主要自然灾害基础上，结合带植方式确定播种期，确保玉米的关键生育期处于水热同步期。

2. 垄作（培土）轮耕技术 在旱区采用横坡垄作技术、多雨地区采用垄作培土散墒、玉米免耕播栽等垄播沟覆技术。旱区选用耐旱高产品种如成单 30、川单 418 等，多雨地区选用抗逆耐湿品种如正大 619、正大 999 等。主要技术要点是旱区玉米沟底免耕栽种，多雨地区玉米垄上种植秸秆沟内覆盖，秋、冬季节定向移垄，实现免耕与轮耕有机结合（图12-1，图12-2）。

图12-1　横坡垄作

图12-2　顺坡散墒垄作

3. 覆盖保墒栽培技术

（1）全膜增温覆盖技术要点　规范预留行、增温育苗、全膜覆盖、规范移栽 。该技术适合在积温不足的山区和高海拔地区推广。

（2）膜侧覆盖栽培技术要点　沟施底肥底水、小垄双行、等雨盖膜、膜侧栽苗。该技术适合在积温充足、季节性干旱严重的地区推广。

（3）秸秆覆盖技术　整秆行间覆盖、施用腐熟剂。该技术适合在茬口不紧的地区推广（图12-3至图12-5）。

图12-3　全膜覆盖

图 12—4　膜侧覆盖　　　　　图 12—5　秸秆覆盖

4．水肥耦合与化控调节技术　以肥调水，以水促肥，充分发挥水肥协同效应和激励机制，对提高西南区玉米的抗旱耐瘠能力和水肥利用效率具有重要作用。技术要点是：在使用传统的氮、磷、钾肥条件下，以"一底二追"的三水三肥水肥耦合管理最佳。具体措施是：结合微型蓄水池就地蓄集降水或者是等雨施肥。每 667 米^2 产量 500 千克左右的农田无机纯氮施用总量为 15 ～ 20 千克（磷、钾肥均作为底肥一次性施用），按照底肥占 30%，拔节肥占 20%，孕穗肥占 50% 施用。若遇干旱可选用成膜反光抗旱剂等叶面喷施，减缓叶片失水。

（四）适宜区域与注意事项

　　本技术适于西南玉米主产区。该技术与微型蓄水池就地蓄集降水相结合，更能发挥增产增收作用。

十三、丘陵地区玉米集雨
节水膜侧栽培技术

西南及南方丘陵玉米主产区季节性干旱频繁。由于玉米的生长发育期常有春旱、夏旱、伏旱发生，加之，水稻与之争夺灌溉水，小麦和甘薯与之争夺土壤水，导致玉米"丰水年增产，干旱年减产"。据监测，丘陵地区自然降雨占玉米生育期耗水的55%，土壤水占40%，人工浇水占5%。然而，玉米生育期内株间蒸发量占全生育期耗水量的50%～60%，如何抑制株间蒸发成为玉米抗旱增产的关键。地膜覆盖具有增温保湿和抗旱增产效果，但传统的玉米种植带全面覆盖栽培技术（简称全膜覆盖）存在盖膜后保墒与纳雨结合不好，中后期土壤温度和湿度调节困难，田间追肥、甘薯做垄栽插等操作受到限制，以及残留破膜污染农田，长期使用会造成"白色污染"等问题。针对玉米种植方式以双行间套种植为主、窄行距45～50厘米的实际情况，将地膜幅宽调整为40厘米覆盖于玉米窄行间，或者盖膜后把玉米栽（播）于地膜两侧，达到集雨节水的目标。该技术的关键就是改80厘米幅宽地膜覆盖大垄双行玉米为40厘米窄膜盖在行间，实行膜侧栽培，并组装集成"沟施底肥、小垄双行、待雨盖膜、膜侧栽苗、交替用水"等关键技术，形成玉米集雨节水膜侧栽培技术（简称膜侧栽培，或称半量覆盖栽培）。

(一) 增产增效效果

试验研究结果表明，玉米集雨节水膜侧栽培技术水分利用效率达到1.16千克／米³，一般每667米²集雨节水39米³，

产量比全膜覆盖平均增产 8.03%，比露地栽培平均增产 17.67%
（表 13-1），每 667 米^2 比全膜覆盖节约地膜和引苗出膜用工成
本低 55 元。

表 13-1 不同覆盖方式对玉米产量及产量构成的影响 (2004-2005, 简阳)

处 理	秃尖率 (%)	穗粒数 (粒)	千粒重 (克)	产量 (千克 /667 米^2)	比对 照 %
半量覆盖+ 膜侧栽苗	8.0	499.7	353.3	555.4	17.67
全膜覆盖+ 打孔栽苗	10.1	448.0	324.4	514.1	8.92
裸地移栽(ck)	15.3	443.5	325.1	472.0	0.00
全膜覆盖+ 直播	14.2	439.6	324.1	444.1	-5.91
裸地直播	14.3	439.0	315.8	416.4	-11.78

（二）增产增效原理

丘陵区玉米集雨节水膜侧栽培技术能提高玉米的抗旱抗倒
能力，增强地膜增温保墒功能，还利于调度土壤水、灌溉水和
降水，提高用水效率，降低成本，从而实现节本增效（图 13-1，
图 13-2）。

图 13-1　膜侧栽培与露地栽培比较

图 13-2　膜侧栽培与全膜栽培比较

1．提高玉米的抗旱抗倒能力　传统的全膜双行覆盖玉米膜内土壤疏松，加之，玉米根系受膜内肥水运动影响集中于土壤表层，主要利用土壤表层水分。玉米膜侧栽培，虽然大部分根系受膜内水肥吸引伸向膜内，但是受外侧干旱胁迫影响，根系下扎较深（表 13-2），可吸收耕作深层土壤水分，根系发达抗早衰，提高了土壤水的利用效率。若能结合育苗移栽技术，可显著降低穗位抗倒伏，后期还便于培土和追肥管理，因而玉米抗旱抗倒能力大为增强。

表 13-2　玉米覆盖试验苗期根系性状

处　理	播种后（天）	株高（厘米）	根长（厘米）	根干重（克）	根冠比
	10	13.33	7.83	0.019	0.344
	20	36.83	16.63	0.203	0.185
全膜覆盖	30	76.83	24.83	1.046	0.131
	40	88.20	26.10	1.469	0.151
	日增长	2.50	0.61	0.048	−0.064

处 理	播种后（天）	株高（厘米）	根长（厘米）	根干重（克）	根冠比
半膜覆盖	10	10.30	6.95	0.025	0.718
	20	34.30	12.83	0.142	0.263
	30	71.17	21.10	0.885	0.139
	40	78.90	26.10	1.392	0.172
	日增长	2.29	0.64	0.046	−0.018
裸露地	10	11.58	6.50	0.017	0.413
	20	32.97	15.67	0.145	0.289
	30	74.50	20.83	0.741	0.134
	40	80.87	22.73	1.028	0.178
	日增长	2.31	0.54	0.034	−0.008

2. **增温保墒能力强** 增温保墒是玉米覆膜栽培增产的主要原因之一。玉米育苗侧栽，与栽于膜内相比，不损伤地膜，膜面保持整洁完整，因而对膜内土壤增温保墒更加有利。同时，能较好地协调中后期土壤湿度和温度，增大土壤温度的日变化，膜侧栽培土壤平均日温差为 8.85℃，对照为 6.5℃（图 13-3），这有利于干物质的积累。

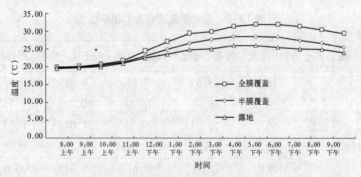

图 13-3 玉米覆盖试验土壤温度日变化

3．利于调度土壤水、灌溉水和降水，提高用水效率 玉米行中沟施足肥水覆膜后，膜内土壤水和灌溉水受热力运动影响蒸发至地膜表面，遇低温则凝结为水珠，最后滑向地膜两侧。生长季节降雨特别是小雨，随膜汇集到地膜两侧，因而覆膜一段时间后，以膜侧边缘墒情最好（表13-3），而且后期补水容易。而传统的全膜覆盖遇持续高温干旱，由于外界补水困难，小雨就地入渗也比较困难，可能导致膜内土壤缺墒和高温灼烧根系，致使根系早衰。

表13-3　玉米覆盖试验水分利用效率

处　理	用水量 （米^3/667米^2）	水分利用效率 （千克/667米^2）	节约用水 （米^3/667米^2）	新增成本 （元/667米^2）
全膜覆盖	584.10	1.17	40.01	110.00
半膜覆盖	586.11	1.16	38.97	55.00
露　地	625.08	1.08	—	—

（4）**降低成本，提高用膜效益** 膜侧播栽便于田间操作，玉米后期追施肥水方便，减少全膜覆盖引苗出膜工序，比全膜覆盖节约地膜3.0千克/667米^{2}左右。与全膜覆盖相比，膜侧播栽不损伤地膜，膜面保持整洁完整，可进行回收，大大降低了农田"白色污染"。

（三）技术要点

1．规范开厢 秋季小麦播种时，规范开厢，实行"双三〇"、"双二五"、"三五二五"中带种植或"双五〇"、"双六〇"种植，预留玉米种植带。

2．沟施底肥和底水 玉米播种或移栽前，在玉米种植带正中挖一条深 20 厘米的沟槽（沟两头筑挡水埂），按每 667 米² 施磷肥 50 千克、尿素 10.5 千克、原粪 1 000 千克对水 500 升作底肥和底水全部施于沟内。或者在沟内一次性施入"百事达"等长效缓释肥 45 ~ 60 千克，后期不再追肥。

3．**小垄双行**　结合沟施底肥和底水后覆土，形成高于地面 20 厘米、垄底宽 40 ~ 50 厘米的垄，垄面呈瓦片型。

4．**待雨盖膜**　在春季持续 3 ~ 5 天累计降雨 20 毫米或下透雨后，立即将幅宽 40 厘米的超微膜盖在垄面上，并将四周用泥土压严，保住降水。

5．**膜际栽苗**　将符合要求的玉米苗移栽于盖膜的边际，每垄 2 行玉米。

6．**干湿促根**　在玉米生长期，由于季节性的降雨与季节性的干旱交替发生，这就使玉米根区处于干湿交替状态，从而促进了根系的生长。

（四）适宜区域与注意事项

本技术适宜四川盆地浅丘区以及西南和南方类似地区，且土层厚度不低于 40 厘米的区域。

十四、玉米简化高效育苗移栽技术

西南玉米产区以紫色土、红壤、黄壤为主，土壤"酸、黏、瘦、薄"，玉米直播深浅不一、出苗不整齐，田间管理"一步跟不上、步步跟不上"，难以实现壮苗健株夺高产。育苗移栽技术是在西南地区和南方玉米区推广最成功的栽培技术之一，自 1986 年起得到快速发展，到 1996 年仅四川省育苗移栽技术推广应用的面积就达 1813.05 万亩，占全省玉米种植面积的 68.69%。1997 年重庆升为直辖市后，其绝对面积虽有减少，但占全省玉米面积的比例仍然维持在 65% 左右，到 2005 年育苗移栽技术推广应用面积为 1158.5 万亩，占全省玉米面积的 65.2%。

传统育苗移栽技术不仅费工费时，而且由于移栽期长、苗龄偏大造成成活率偏低。为适应玉米生产规范化、集约化、简化高效的要求及农村劳动力减少的生产现状，通过大量的试验研究和生产实践，四川省农科院等单位研制出改传统肥团和方格育苗为塑料软盘育苗和营养杯（有塑料和秸秆 2 种类型）育苗乳苗移栽的简化高效育苗移栽技术。

（一）增产增效情况

在四川省农科院主持下，1992 年四川省威远县种子公司在紧凑型、半紧凑型玉米高产示范过程中率先大面积使用乳苗移栽技术，当年 1050 亩示范田移栽成活率达到 98%，取得了良好的效果。1995 年四川省青神县引进塑料软盘进行玉米育苗移栽，试验面积 0.3 亩，折合每 667 米^2 产量 380 千克，比大田直播增产 8.8%。1996 年，扩大示范，面积 100 亩，平均每 667 米^2 产量为 357 千克，比直播增产 9.8%，比同田肥团育苗增产 3.5%。

（二）增产增效原理

春季玉米育苗移栽能躲避低温阴雨危害，解决前后作物茬口矛盾，争取生育时间，提早成熟，防御后期高温干旱威胁，保证苗全、苗齐、苗壮，夺取玉米高产。较之传统育苗技术，软盘和营养杯等简化高效的育苗移栽技术，能大幅度减小劳动力投入，节约生产成本，实现增产增效。其增产原因主要体现在以下几个方面。

1. 可躲避低温阴雨和春旱为害 春季低温阴雨和春旱对春播作物播种出苗影响极大。玉米育苗移栽可比大田直播提早10 ～ 15天播种。因为地膜覆盖苗床，可人工控制温湿度变化，保持种子萌芽出苗所需要的基本条件，防止低温造成的烂种死苗，还能躲过春旱的危害，提高成苗率（表14-1）。

表14-1　同等条件下玉米育苗移栽与传统直播对比结果（2009年，简阳）

播栽方式	成苗率（%）		产量（千克/667米²）	
	平　均	与对照相比（%）	平　均	与对照相比（%）
育苗移栽	88.51	118.5	586.22	103.7
传统直播（CK）	74.71	100.0	565.44	100.0

2. 不违农时，解决前后作物茬口矛盾 前茬作物如油菜、小麦、蚕豆、豌豆等使用原熟期类型品种，若接茬直播玉米，影响适期播种和田间操作。玉米育苗移栽在苗床内10 ～ 15天，可缩短同期直播的共生期，缓解由于前茬作物的边际优势对玉米苗期荫蔽引起的茎基部节间较长、秆不壮易倒伏的问题，能显著地增强植株的抗倒伏能力。

3. 提早成熟，防御后期高温干旱威胁 玉米生育后期易出现高温干旱，对玉米灌浆成熟威胁很大。若遇高温干旱危害，籽粒不饱满，千粒重降低，空秕粒增加，产量明显降低。由于育苗移栽结合地膜覆盖，增加了有效积温，促进玉米提早成熟，大大缓解或减轻了后期高温干旱对玉米产量的影响。

4．有利于一次保全苗，提高产量　春季玉米大田直播，由于气候、土壤等环境条件差，不但出苗有早有迟，整齐度差，而且缺苗断垄现象严重。即使补种或移苗补栽，同样生长不一致，往往形成大株压小株，强株欺弱株，形成"空秆株"。育苗移栽只要加强苗床管理，就可培育出生长整齐、健壮的幼苗。移栽时按大小苗分级，做到移栽均匀，提高移栽质量，有利于一次保全苗，实现增产增收。

此外，育苗移栽比直播节省用种 50% 左右，一定程度上降低了生产成本。

（三）技术要点

1．育苗技术

（1）选择适宜的育苗方式　传统的育苗方式有带土的肥球育苗、方格育苗和不带土的水培育苗、撒播育苗分苗移栽、子弹育苗、玉米穗轴育苗等。实践证明：带土肥球和方格育苗移栽，具有容易培育适龄壮苗，移栽期弹性大、移栽伤根少、成活率高、缓苗期短、底肥施用方便等优点，但是做团手工操作费工、移栽费力，集约化程度低。最近几年，在此基础上发展的软盘育苗移栽和营养杯育苗移栽技术，既省工、省力，又能实现集约化育苗，值得大面积推广。土壤有机质含量高的，并且移栽期墒情好的偏沙性土壤宜选择软盘育苗移栽技术；土壤黏重及移栽期墒情较差的土壤宜采用营养杯育苗移栽技术。目前，正在研发的秸秆杯一次性播栽技术更能适应西南地区生态生产条件（图 14-1，图 14-2）。

（2）安排好播种与茬口　在多熟制条件下，播种育苗期的安排除考虑气候、安全抽雄和灌浆脱水等因素外，特别应重视茬口的衔接，否则将会影响适龄移栽和抢墒移栽。西南玉米产区的生态条件复杂，要根据当地的实际安排好播期与茬口。在

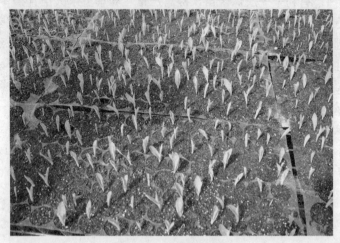

图 14-1　塑料软盘育苗

图 14-2　秸秆营养钵育苗

没有设施的条件下，一般早春播玉米盖膜育苗的播种期，以日平均气温稳定在9℃以上、苗龄20天左右为宜，晚春播或夏播苗龄5～10天，并根据茬口情况做相应调整。

（3）掌握好育苗关键技术

①营养土配制　不管任何育苗方式，营养土的配制最为重要。通常是用30%～40%的腐熟有机渣料，60%～70%的肥沃细土为基本材料，每100千克料土加入磨细过筛的过磷酸钙1千克，尿素0.1千克，经过混合均匀后，加清粪水至"手捏成团，触地即散"时为宜。

②做苗床　一般选择土质肥沃疏松，避风向阳，水源和管理方便而又靠近本田的旱地做苗床，先深挖整平，做成1.3～1.7米宽的小厢，便于盖膜、管理和起苗，四周做小垄防苗床集水。有条件的地区，可集中在大棚内育苗。

③播种方式与数量　将软盘或营养杯装80%营养土后，压实在苗床中，每杯或每孔播1～2粒，撒盖细土1～2厘米后盖地膜，育苗的数量，要多于计划密度所要求的10%以上。

④苗床管理　其基本要求是通过调节苗床的水分和温度，培育健壮、整齐的秧苗。早春播种的要严盖地膜，保持床土湿润和较高的温度，以利于出苗。出苗后及时揭膜炼苗，防止烧苗，并防治病虫和鼠雀危害。要根据床土湿度和秧苗情况，施用清淡粪水提苗保苗，确保壮而不旺。

2. 移栽技术　以有利于本田成活早、返青快，达到苗匀、株壮为目标。根据育苗方式和移栽条件在2～3片可见叶时移栽。移栽可采取"坐水坐肥移栽"，并根据秧苗大小分类、分级、分段定向移栽(图14-3，图14-4)。栽后要覆土盖窝不低于1厘米，防止干旱暴晒肥球，影响根茎生长。

当不能适龄移栽时，可采用以下技术措施。

（1）截断胚根蹲苗　在玉米幼苗3叶期以后，应及时截断胚根，促进次生根发育，抑制地上部生长，在苗床上蹲苗。采用软盘、营养杯（筒）育苗的，可通过移动杯盘，截断从杯盘底部伸出的胚根。

图14-3 育 苗　　　图14-4 分级移栽

（2）少施少管　根据床土湿度和秧苗情况，当早晨玉米苗出现萎蔫状态时，应选择傍晚或清早用清淡粪水浇施，以苗床不见流水为止，适当"肥水饥饿"，干湿交替锻炼玉米苗的抗旱能力。

（3）增施送嫁肥水　在移栽的头一天，每平方米苗床用0.1千克尿素对水浇施玉米苗，增施"送嫁肥水"，有利于大龄苗尽快缓苗返青，提高移栽成活率。

（4）叶面喷施抗旱剂　大龄苗移栽到大田后，叶面喷施抗旱促根剂，如FA旱地龙、旱不怕等，尽量缩短缓苗期，达到抗旱、保苗、促根壮苗的目的。

3．栽后管理　必须以促根、壮苗为中心，紧促紧管。要勤查苗、早追肥、早治虫，并结合中耕松土促其快返苗、早发苗，力争在穗分化之前尽快形成合理的营养体，为高产奠定基础。具体措施包括以下几点。

（1）及时追施苗肥　以磷、钾肥为主，在移栽本田后迅速追施苗肥。施用量为磷肥占总施用量的40%，氮肥占总施氮量的20%左右，或者在降雨前，结合培土株间丢施玉米专用复合肥30千克。施肥时做到：偏施小苗赶大苗，促弱苗变壮苗，促进平衡生长。力争达到"三叶全、五叶齐、七叶壮、拔节不溜秆、大口期封行"的目标。

（2）雨季到来前起垄培土　旱坡地2行玉米起1垄；水改旱玉米田采用厢沟垄作，一般6行玉米为一个厢，厢面宽3.6～4.0米，沟宽0.20米，沟深0.3～0.5米，排湿特别困难的田块，背沟深和排水口0.5～0.6米，减轻多雨期涝渍灾害，确保玉米正常生长发育和成熟。

（3）加强杂草和虫害防治　选用适合玉米田的除草剂，可用烟嘧磺隆，在晴好天气及时防除杂草。田间喷施时注意选用带网罩的喷头在玉米行间喷药，甜糯玉米田慎重使用除草剂。干旱后应加强地老虎、玉米螟、红蜘蛛的防治。可用25%杀虫双水剂200克，拌细土5千克，制成毒土防治地老虎；每667米^{2}用Bt乳剂200毫升对细沙10千克撒入心叶，或者每667米^{2}用白僵菌粉剂20克，对细沙2千克撒入心叶防治玉米螟；用5%噻螨酮1 000～2 000倍液，15%哒螨酮乳油2 500～3 000倍液防治红蜘蛛，不应选用已禁用的氧化乐果等高毒和剧毒农药。喷雾时要将喷头朝上喷向叶的背面，喷药时间应选傍晚或清早进行，以减少对操作人员的伤害。

（四）适宜区域与注意事项

本技术适用于西南及南方大部分玉米区，但是不同地区要针对不同生态区特点，选择相应的简化育苗技术，以培育适龄壮苗为目标。

十五、西南地区玉米宽带规范间套种植技术

西南地区人多地少和生态条件差异较大共同决定了玉米间套方式的多样化。建立规范的间套种植技术是玉米高产的基础。在旱地作物中玉米是高产作物，玉米生长发育期也是该区光、热、水资源较丰富的时期。玉米间套方式概括起来有宽厢带植型、中厢带植型和窄厢带植型 3 种类型。

(一) 增产增效情况

不同带距对玉米、小麦、甘薯及周年产量的影响如表 15-1 所示。在夏玉米区同等条件下，不同带距同一作物产量存在差异，但窄带、中带和宽带总产量差异不大；在春玉米区同等条件下宽带各作物产量均高于中带。

表 15-1　不同带距对玉米、小麦、甘薯及周年产量的影响

(1996-1998 年, 千克/667 米 ^{2})

处理	夏玉米区				春玉米区			
	玉米	小麦	甘薯	年产	玉米	小麦	甘薯	年产
窄带 (1.17 米)	377.95	256.15	101.91	736.01	–	–	–	–
中带 (1.67~2 米)	438.5	174.2	137.49	750.19	324.16	182.65	329.89	836.7

处 理	夏玉米区				春玉米区			
	玉米	小麦	甘薯	年产	玉米	小麦	甘薯	年产
宽带 (3.34～4米)	436.03	154.2	163.32	753.55	334.95	191.04	340.46	866.45
4.34 米	387.6	151.7	146.69	685.99	–	–	–	–

　　四川省农业科学院对麦套玉米与带距关系进行了系统研究，这里以 1997-1999 年带距试验测定的单株干物质积累动态，阐述二者之间关系。表 15-2 显示，宽带（3.34 ～ 4.34 米）有利于干物质的积累，特别是 7 叶展比中带平均增长 18.9%，前期干物质增加在茎、根系，有利于壮苗健株夺高产。成熟期单株干物质积累中带（1.67 ～ 2 米）与宽带平均差异 0.1%，表明中带玉米在中后期营养和生殖生长迅速，这势必加大对后期水肥的要求，往往此时玉米主产区夏旱发生频率为 50% ～ 80%，正是一年内水分亏缺期，从而导致玉米营养体过小而严重影响籽粒产量。

表 15-2　不同带距玉米单株干物质积累动态

（简阳，1997-1999 年，克／株）

带距（米）	苗期	7 展叶	11 展叶	14 展叶	乳熟期	成熟期	产量(千克/667米^2)
1.67 ～ 2.0	1.05	2.9	65.1	112.5	283.7	304.1	462.6
3.34 ～ 4.0	1.1	3.5	66.8	116.8	277.5	302.8	497.5
4.34	1.2	3.4	69.1	120.3	282..9	313.2	493.5

　　注：1.67 ～ 2 米带距，玉米占地 50% 种植 2 行；3.34 ～ 4.34 米带距，玉米占地 50% 种植 4 行

(二) 增产增效原理

选择最佳带距，以玉米高产生育进程为核心，调节前后茬作物之间的矛盾，可以多获得土地利用效益 8% ～ 16%。改传统的三熟三作中带主作型为三熟四作宽带种植模式，可增加 90 天以上的有效生长时间，复种指数提高 10%，全年光能利用率提高 36.5%（表 15–3）。比原来的"麦／玉／甘薯"三熟每 667 米² 增粮 250 ～ 350 千克，伏旱区平均增产 35.9%，夏旱高发区平均增产 36.5%，利用空闲带增种高经济价值和特种作物增收 400 ～ 600 元/667 米²，平均增收 491.3 元/667 米²。增产增效的主要原因是缓解了麦、玉、甘薯之间的共生矛盾，玉米表现中行优势，中行产量比边行增产，间作甘薯条件改善，周年产量得到大幅度提高(图 15–1 和图 15–2)。主要表现在以下 3 点。

图 15–1　宽带玉米烟叶套作

图 15-2 宽带机耕现场

表 15-3 宽带规范间套种植技术典型田块产量及效益比较表

(1997-1998 年, 简阳)

种植模式	小麦 (千克 /667 米^2)	冬季空行间作产量 (千克 /667 米^2)	春(夏) 玉米 (千克 /667 米^2)	甘薯 (千克 /667 米^2)	秋闲土增种 (千克 /667 米^2)	全年粮食产量 (千克 /667 米^2)	复种指数 (%)	总生育期 (天)	年光能利用率 (%)	抽样田块
宽带小麦 // 蚕豆 / 玉米 / 甘薯 // 秋豆	212	121.3	540.5	235	112	1220.8	280	715	3.537	20
宽带小麦 // 大麦 // 玉米 / 甘薯 // 秋大豆	205	175.0	523.4	250	100	1253.4	280	710	3.379	15
中带小麦 // 萝卜 / 春玉米 / 甘薯	247.5	805.6	493.5	165.6	0	906.5	270	585	2.534	10
窄带小麦 - 夏玉米 / 甘薯 (ck)	258.8	0	341.4	119.3	0	719.5	260	445	2.011	20
窄带小麦 - 夏玉米 / 甘薯 (无肥区)	168.2	0	204.8	105.4	0	478.4	260	430	1.337	1

①宽带三熟四作能有效地缓解间套作物之间的共生矛盾，使小麦建立在玉米苗期的边际优势，玉米建立在甘薯前期的边际优势，通过宽带把玉米苗期、甘薯前期的边际劣势缓解，真正实现"各走各的路"。并通过作物品种和田间排列的调整，使单季作物个体之间的矛盾缓解，如弱冬性的穗重型小麦品种，紧凑大穗中熟偏晚的玉米杂交种，短蔓型的甘薯品种，既能缓解个体竞争，又能发挥宽带可适当早播（栽）的优势。

②推动空行利用的进程，使预留空行利用的时间和空间更广阔，大幅度地提高产量和产值，促进了三熟三作主作型转变为三熟四作正季主作型，做到用地养地有机结合，使耕地处于良性循环状态，从而使三熟种植模式能够在相对稳定中不断地持续发展。

③便于田间操作、管理，为旱地田间耕作向机械化、现代化发展提供了条件。

（三）技术要点

1. 品种选择及茬口衔接技术

（1）小麦　选用抗病、高产、弱冬性的重穗型优质小麦新品种川麦42、川麦45、内麦8号等，于立冬前用"合盛牌"微耕机在5～6尺空带内进行旋耕和平整土地，再用机播或条沟点播10～12行，规格为6寸×6寸，保证每667米^{2}基本苗在15万苗以上。

（2）春玉米　选用优质、耐旱、紧凑大穗型的中熟杂交玉米新品种成单30、正红115、川单418、中单808等，于3月中旬至4月上旬或3月初超常早播，采用营养杯育苗乳苗移栽技术，移栽于前茬作物收后的预留行内，4行单株宽窄行种植，其中宽行2～3尺，窄行1.5尺，并改全膜覆盖为半膜覆盖膜侧栽培，即将80厘米地膜盖双行玉米改为40厘米盖于窄行之间，抑制株间蒸发、节本增效。每667米^{2}施用过磷酸钙50千克，氯化钾15千克。每667米^{2}尿素总用量为35～40千克，按照底肥40%、拔节肥20%、攻苞肥40%的比例施用。

（3）甘薯 又称红苕，选用粮饲高产型川薯164、高淀粉型川薯34以及脱毒甘薯新品种，日平均气温稳定通过9℃时（2月底3月初），采用双膜盖（平膜＋拱膜）育苗，出苗后及时揭膜炼苗，加强肥水管理，力争早出苗、出优质壮苗。于芒种（6月7日）前做垄栽插，做垄方式分类指导：春玉米套作夏玉米模式中，以夏玉米居中，漕土、低台土独仓厢做垄双行错窝种植甘薯有利于减轻秋季绵雨影响而增产，坡台土可梯子埂做垄栽甘薯；未套作夏玉米模式中的漕土、低台土可在种植带中间起大垄，两边做马槽厢，"川"字型种植，坡台土采用格网式垄作，利于拦截水土。每个垄面双行错窝栽植，每667米^{2}种植3 200～3 600株，及时追施提苗肥、保苗水和救命水，薯块膨大期（9月上旬）以磷酸二氢钾叶面喷施"壮苕肥"。

（4）春玉米套作的夏玉米 选用抗病性强、株型紧凑的中早熟品种成单27、川单15、南玉8号，必须在5月20日以前播种（育苗），在5～6尺甘薯种植带正中双行错窝每667米^{2}植2 000株（窝），每667米^{2}用尿素20千克，按照底肥40%、苗肥30%、攻苞肥30%的比例施用，大喇叭口期叶面喷施25毫升维他灵、健壮素等生化制剂，控制植株高度，缓解共生矛盾。

（5）秋大豆 选用贡豆5号、川农早熟一号、成豆11号、浙春3号等早熟品种（生育期75～80天），必须在8月15日前播种，每667米^{2}留苗不低于15 000株，并用尿素6.5千克对匀人、畜粪水40担追施提苗肥。

（6）冬大豆 选用贡选1号、威远冬大豆、荣县冬大豆等晚熟品种，于4月中旬在春玉米窄行中撬窝点播或与玉米同期同穴播种，春玉米收后用复合肥对匀人、畜粪水30担，对冬大豆追施促苗肥。

（7）马铃薯 选用川芋56、川芋早、川芋5号等早熟、休眠期短的新品种，间套种植3 200窝/667米^2，5～6尺内种植5～6行，规格为1.2尺×0.8尺，小春马铃薯12月中下旬播种，4月中下旬收挖；秋马铃薯8月25日至9月5日播种，并用玉米、稻草等秸秆均匀覆盖，11月底收挖。播种时均使用有机肥1 000千克，复合肥40千克作基肥一次施用。

（8）短季饲草 选用耐旱、高产的多花黑麦草和光叶紫花苕按照1∶1比例共2千克种子混合，10月25日播种于小春预留空行，2月底第一次收割，3月20日收割第二次，为了提高鲜草产量，应重施氮肥，每收割一次追肥一次，每次每667米^{2}施尿素6～8千克，4月20日左右收割结束，最后一次收割时间以不影响玉米播种或移栽为宜。

2. 调整带距，实行宽带轮作 改窄带距（3.5尺）、中带距（5～6尺）为宽带距（10～12尺），即以10～12尺为一个复合带，每带对半开厢分成甲、乙两带即"双五〇"、"双六〇"种植。秋后甲带种小麦，乙带种马铃薯、短季饲草等作物，春季乙带收获后栽4行春玉米或同时种冬大豆，春玉米收后可种秋豆、秋马铃薯等，夏季甲带小麦收后栽甘薯和夏玉米或者花生等经济作物，下一年度甲乙两带相互轮作种植。

3. 建立三熟四作正季主作型规范种植模式

（1）粮草复合型 即"麦∥草/玉/甘薯"、"麦/玉/甘薯∥草"等种植模式，在冬季预留行高密度种植葫豆青、箭舌豌豆或光叶紫花苕等豆科饲料，或春玉米收获后种植富钾的籽粒苋等饲料作物。该种植模式适宜于田多土少，对饲料要求迫切或生产水平相对较差的坡薄地（二台及以上）等需要多用多养的地区。

（2）优质粮饲持续高产型 即"麦/玉∥玉/甘薯"、"麦∥麦/玉/薯"、"麦/玉/甘薯∥豆"等种植模式，冬季预留行间作大麦，或在夏秋季空隙种植夏玉米或冬豆。该种植模式适于丘陵旱地肥水条件好的漕坝土、低台土以及稻田改走旱路的田块。

4. 利用前茬鲜秆就地覆盖技术 采用冬季空带种植的蚕豆、马铃薯、菜豆等秸秆就地覆盖春玉米，春玉米秸秆覆盖秋玉米或甘薯垄沟内的鲜秆循环覆盖技术，实现保墒与秸秆还田养地相结合。

（四）适宜区域与注意事项

凡海拔1 500米以下，≥10℃积温不少于4 200℃的地区都可推广宽带三熟四作。从自然生态来看，夏旱高发、伏旱次发区（即迟春、早夏玉米区）以"用足小春、巧用晚秋"为原则，即以"麦//麦/玉/甘薯"、"麦//草/玉/甘薯"为主体种植模式，春玉米区以"小春养地，大春足用"为主，以"麦/玉//玉/甘薯"、"麦/玉/甘薯//豆"为骨干种植模式。从社会经济条件来看，旱地面积大，旱三熟产量较高、旱粮比重大的地区在巩固中带三熟三作基础上，积极开发经粮结合高效型宽带种植新模式，增加种植效益为重点；田多土少、饲料粮缺乏的地区可推广优质粮饲持续高产型宽带种植模式，增加饲料粮供给。

十六、丘陵地区玉米／大豆中带规范套作模式

　　长期以来，西南和南方旱地主要以"麦／玉／薯"一年三熟种植方式为主，该模式经过多年的应用，对我国粮食增产起到了重要作用。但近年来，随着居民生活水平的提高和饮食结构的改善，甘薯的生产地位从主粮型逐步转变为杂粮型，加之自身栽插、采收和搬运劳动强度大、贮藏困难、效益低，以及耗地导致丰产稳产性不高等问题，生产面积逐步萎缩。旱地"麦／玉／豆"种植模式是针对传统"麦／玉／薯"模式中甘薯耗地严重，连年复种致使土壤贫瘠、退化，甘薯栽插时的翻土起垄会造成大量水土流失等问题，以经济效益和养地效果较好的大豆替代传统模式中经济效益较差的甘薯而形成玉米大豆套作模式。该模式采用免耕、秸秆覆盖栽培，有效减少了水土流失；通过秸秆还田，增加土壤有机质，改善土壤肥力，提高土壤含氮量和土壤综合生产能力，实现增产增效。

（一）增产增效效果

　　玉米大豆套作模式的核心内容是有机集成免耕、秸秆覆盖、作物直播技术，实现种养地结合。可减少土壤流失量10.6%，减少地表径流量85.1%；提高玉米和大豆田的土壤总氮4.11%和7.29%，提高玉米氮肥利用率39.21%；分带轮作避免连作障碍；减少劳动投入，有利于农村劳动力外出务工增收；大豆总产量显著增加，有利于大豆产业和畜牧业快速发展，近年来推广面积逐渐扩大。2006年示范推广129.4万亩，套作大豆平均

667 米²产量为 120 千克；2007 年示范推广 261.3 万亩，套作大豆平均 667 米²产量为 138.2 千克；2008 年示范推广 350 万亩，套作大豆平均 667 米²产量为 118.3 千克；2009 年推广面积达 441 万亩，套作大豆平均 667 米²产量达 125.8 千克，获得显著的经济社会效益。

（二）增产增效原理

1、**可提高土地综合生产能力** "麦／玉／豆"多熟轮作模式通过免耕直播、秸秆覆盖以及配套轻简农机具，大幅减少劳动力及生产成本投入，减少水土流失，增加土壤有机质，提高土壤综合生产能力和节本增效。四川农业大学连续三年在径流监测场对"麦／玉／豆"种植模式进行了定位研究。试验共设置 4 个水平，分别为 NTM："小麦／玉米／大豆"全程免耕全程秸秆覆盖（小麦、大豆、玉米均为免耕秸秆覆盖）；PTM："小麦／玉米／大豆"半程免耕半程秸秆覆盖（小麦、玉米翻耕不覆盖秸秆，大豆免耕麦秆覆盖）；TWM："小麦／玉米／大豆"全程翻耕不覆盖秸秆；TWMS："小麦／玉米／甘薯"全程翻耕不覆盖秸秆。三个区组，区组Ⅰ坡度为 5°、区组Ⅱ坡度为 15°、区组Ⅲ坡度为 25°。采用顺坡种植，套种作物带宽 1.6 米，每种作物幅宽均为 0.8 米。试验小区实际面积为 10 米 ×3.2 米。通过三年定位监测试验研究了不同种植模式对坡地水土保持、土壤肥力及作物产值的影响。结果表明，在水土保持方面，"小麦／玉米／大豆"全程免耕全程秸秆覆盖模式的三年平均土壤侵蚀量和地表径流量最低，显著低于其他处理，比"小麦／玉米／甘薯"全程翻耕不覆盖秸秆模式分别低 10.6% 和 84.7%（表 16—1）。

2、**增强土壤肥力** 三种"小麦／玉米／大豆"模式都能增加土壤有机质、全氮、速效钾和碱解氮含量。以"小麦／玉

表 16-1　不同种植模式条件下连续三年平均土壤侵蚀量、
地表径流量结果

处　理		5°	15°	25°	平　均
土壤侵蚀量 （千克/32 米²）	NTM	59.5Ab	79.7Bb	98.5Aa	79.3Cc
	PTM	60.1Ab	83.7ABa	104Aa	82.7BCb
	TWM	66.1Aa	85ABa	104.3Aa	85.1ABab
	TWMS	67.7Aa	87.1Aa	108.1Aa	87.7Aa
地表径流 量（米³/32 米²）	NTM	14.1Dd	14.3Dd	14.5Dd	14.3Dd
	PTM	15.9Cc	16.1Cc	16.1Cc	16.0Cc
	TWM	18.4Bb	18.5Bb	19.2Bb	18.7Bb
	TWMS	26.4Aa	26.5Aa	26.6Aa	26.5Aa

注：表中字母表示差异达到的显著水平，下表同

米/大豆"全程免耕全程秸秆覆盖模式增加幅度最大，分别为 15.7%、18.2%、55.2% 和 25.9%，显著高于其他模式；"小麦/玉米/大豆"半程免耕半程秸秆覆盖模式次之，"小麦/玉米/甘薯"全程翻耕不覆盖秸秆模式最低（表 16-2，表 16-3）。

作物产值上，以"小麦/玉米/大豆"全程免耕全程秸秆覆盖模式三年平均总产值和纯收入最高，为 1 253.9 元/667 米²，较其他几个处理增幅为 2.2% ~ 20.6%，总体效益最好。总之，"小麦/玉米/大豆"新模式比"小麦/玉米/甘薯"能更好地保持水土，减少土壤侵蚀量和地表径流量，增加土壤肥力和作物产值（表 16-4）。

表 16-2 试验结束时不同种植模式的土壤主要养分含量

处理	有机质 (克/千克)				全氮 (克/千克)				五氧化二磷 (克/千克)				氧化钾 (克/千克)			
	5°	15°	25°	平均	5°	15°	25°	平均	5°	15°	25°	平均	5°	15°	25°	平均
NTM	17.4	15.0	14.6	15.7Aa	0.9	0.9	0.9	0.9Aa	4.7	4.4	3.3	4.1Aa	13.4	15.2	17.3	14.6Aa
PTM	16.0	14.5	13.0	14.5Bb	0.9	0.9	0.9	0.9Ab	4.1	3.7	4.5	4.1Aa	15.2	15.2	12.8	14.4Aa
TWM	15.1	13.5	12.8	13.8BCc	0.8	0.8	0.7	0.8Bc	4.5	4.1	3.8	4.1Aa	13.9	13.3	18.0	15.7Aa
TWMS	14.3	13.2	11.9	13.1Cd	0.8	0.8	0.7	0.8Bd	3.9	4.2	4.3	4.2Aa	15.2	15.7	16.5	16.5Aa

表 16-3 试验结束时不同处理土壤速效养分含量

处理	速效钾 (毫克/千克)				有效磷 (毫克/千克)				碱解氮 (毫克/千克)			
	5°	15°	25°	平均	5°	15°	25°	平均	5°	15°	25°	平均
NTM	110.0	117.5	102.5	110.0Aa	20.2	18.2	18.0	18.8Aa	169.0	166.1	157.9	164.3Aa
PTM	107.1	103.1	97.1	102.4Aa	18.2	17.5	16.5	17.4Aab	156.6	149.7	150.9	15.4Bb
TWM	114.6	92.5	87.5	98.2Bb	18.3	17.1	16.9	17.4Aab	136.0	136.0	132.1	134.7Cc
TWMS	69.9	67.8	66.4	68.0Bb	16.2	16.5	17.7	16.8Ab	128.3	127.2	125.0	126.9Dd

表16-4　　不同种植模式下的三年平均产值、总成本及效益

处 理	产量（千克/667米²）			年总产量（千克/667米²）	年产值（元/667米²）			年总产值（元/667米²）	总成本（元/667米²）	纯收入（元/667米²）
	小麦	玉米	大豆（甘薯）		小麦	玉米	大豆（甘薯）			
NTM	216.9	456.2	139.7	812.8	350.6	688.1	572.6	1611.2Aa	357.3	1253.9Aa
PTM	213.3	439.6	137.5	790.4	344.2	661.5	569.7	1575.5Aa	369.5	1206.0Aa
TWM	209.9	398.5	125.4	733.7	339.3	599.7	508.9	1447.9ABb	381.7	1066.3Ab
TWMS	204.1	369.5	1330.0	1903.6	331.0	556.5	391.8	1279.3Bc	438.0	841.3Bc

（三）技术要点

玉米大豆套作模式的技术特点主要体现在"五改、四减、三增、两利、一促"。五改：改甘薯为大豆、改间作为套作、改春播为夏播、改稀植为密植、改开沟起垄为免耕秸秆覆盖；四减：减少物资投入、减轻劳动强度、减少水土流失、减轻环境污染；三增：增强抗旱性、增加全年产量、增加农民收入；两利：利于资源节约和环境友好；一促：促进旱地农业的可持续发展。其技术要点如下。

1. **带状种植**　带状2米开厢，1米种5行小麦，1米种2行玉米，小麦收后种3行大豆，第二年换茬轮作（图16-1）。

图16-1　玉米大豆共生期

2. 免耕直播、秸秆覆盖 免耕直播、秸秆覆盖大幅减少劳动力及生产成本投入，减少水土流失，增加土壤有机质，提高土壤综合生产能力和种植效益（图 16-2）。

图 16-2　玉米收获后秸秆覆盖

3. 品种配置 小麦选用绵麦 37、川麦 42、川麦 44 等优质高抗品种；玉米选用成单 30、正红 311、正红 505、蓉单 8 号、先锋 508 和资玉 1 号等优质高产品种；大豆选用中迟熟、耐旱、耐阴品种贡选 1 号等。

4. 加强肥水管理和病虫草害综合防控 同传统的麦玉薯种植模式。

（四）适宜区域与注意事项

我国西南丘陵山区旱地乃至南方丘陵旱地均可种植。城市周边或交通便利地区，在玉米大豆套作模式基础上可在玉米收获后大力推广间套种植一季秋马铃薯、白菜、莴苣、西芹、榨菜等生育期短的蔬菜作物，提高种植效益，实现增种增收。

十七、西北旱作雨养区玉米
高产高效种植技术

干旱是我国玉米生产的主要自然限制因素，目前旱作雨养区玉米生产中存在的主要问题有：降雨量少、变异幅度大、土壤水分供应有限，干旱灾害频繁。播种期干旱，导致玉米播种质量差、保苗率低、群体结构不合理；抽雄期卡脖旱和灌浆期干旱影响玉米授粉和结实，带来玉米产量不高、不稳，水分利用效率低等。西北农林科技大学在长期试验研究基础上，建立了以"调整播期、等雨造墒，种植耐密品种、膜侧播种、宽窄行种植、增加种植密度，培肥地力、配方施肥"为核心的西北春玉米旱作雨养区高产高效种植模式，在农业科技入户工程、玉米高产创建和陕西省春玉米提升行动活动中示范推广，取得了显著成效。

（一）增产增效效果

经农业部玉米专家指导组和科技入户专家组现场测产，2007 年陕西省澄城县冯原镇富源村玉米科技入户示范村 145 户共 2 000 亩示范田，取得示范田集中连片每 667 米^{2}产量 808.1千克大面积高产。2005-2007 年 31 个科技示范户每 667 米^{2}产量超过 1 000 千克，其中项目组在陕西省澄城县冯原镇迪家河村科技示范户雷王伟实施的 3.48 亩示范田，2006 年每 667 米^{2}产量达到 1 260.4 千克，2007 年每 667 米^{2}产量达到 1 250.8 千克，实现了在同一科技示范户连续两年在同一块示范田创造全国旱地春玉米高产纪录；2009 年陕西省旬邑县 1 000 亩高产示范田

每 667 米^{2}产量达到 925.8 千克；2010 年陕西省麟游县九成宫镇西坊村狮子口组连片种植的 157 亩核心攻关田平均每 667 米^{2}产量达 1 022.5 千克，创造了陕西省旱作雨养区百亩连片春玉米过吨的高产纪录；旬邑县职田镇 10 420 亩玉米高产示范片平均每 667 米^{2}产量 868.1 千克，创造了陕西省旱作雨养农业区万亩连片每 667 米^{2}产量 800 千克以上春玉米的高产纪录。在陕西春玉米提升行动中作为主推技术，2008-2009 年在陕西省定边、靖边、榆阳、澄县、宜君、旬邑 6 个县区推广 114.5 万亩，平均每 667 米^{2}产量为 703.2 千克，较对照增产 207.1 千克，增产率达 46.6%。

（二）增产增效原理

玉米的产量水平受遗传因素、环境条件（气候、土壤）和栽培措施等的影响。经多年多点试验研究发现，品种和栽培技术的产量潜力与试验的地点和年份有密切的关系，玉米产量就是玉米品种对当地生态条件的适应能力，可以通过优化的栽培技术和良好品种特性，最大限度地适应当地生态条件。在旱作雨养玉米区，应研究总结与气候、品种和土壤条件相适应的配套技术，增强品种对生态环境（气候、土壤）的适应性，通过筛选玉米品种、调整播期、地膜覆盖，提高土壤蓄肥蓄水、供肥供水能力，高效利用降雨资源，协调雨热同步，构建旱作条件下雨热同步的高效群体，实现水分资源的高效利用。

1. **保证播种质量，增加种植密度，提高群体整齐度是旱作雨养区玉米高产的重要措施** 由于旱作雨养区播种期的干旱往往造成出苗不全、不匀，对产量造成重要影响，通常在缺苗情况下采用移栽和补种苗，进行弥补，但效果不佳。西北农林科技大学试验发现，移栽和补种苗，株高虽有赶上正常苗的趋势，但单株叶面积、生物产量都显著低于正常苗，仅为正常苗的 68.6% ~ 74.1% 和 33.5% ~ 34.9%, 而在缺苗旁留大小一致的双株苗与正常苗株高、叶面积和生物产量等并无多大差异。移栽苗、补种苗的单株生产力仅为对照的 19.9% ~ 23.4%, 而双株苗达到正常苗的 99.0%。因此, 在旱作条件下, 要做到全苗、壮苗, 除了精选优良种子外, 关键是保证播种质量, 足墒等雨播种, 缺苗状态下应通过双株苗确保密度 (表 17-1)。

表 17-1　不同幼苗处理对玉米植株性状的影响

| 处　理 | 株高（厘米） | 单株叶面积（厘米²） | 生物产量（克／株） | 穗部性状 | | | | 单株生产力（克／株） |
				穗长（厘米）	结实长（厘米）	秃顶率(%)	穗粒数（粒／穗）	
移　栽	258.2	4479.9	970.0	13.1	10.6	19.1	77.0	22.5
补　种	278.6	5755.1	173.0	10.8	8.5	21.3	83.3	19.0
留双株	284.6	6157.4	206.0	18.4	16.3	11.4	511.7	95.0
对　照	294.6	6512.1	209.0	18.7	17.4	7.0	556.8	96.0

2. 根据降雨分布确定最佳播期　在旱作雨养区,"水分"是关键指标, 使地膜玉米的生育高峰期与当地的降水高峰阶段基本吻合, 保证拔节期到降水高峰的受旱天数缩短在 30 天以内, 即在当地降水高峰期前 70 天左右播种。通过 2005-2009 年的生产调查和试验, 分析 1991-2009 年陕西渭北旱塬降雨情况, 雨养旱作区的玉米适宜播期可从 4 月上旬一直延长至 5 月上旬 (表 17-2)。这样, 可以保证足墒播种, 保证全苗和壮苗。

3. 选用高产、抗旱、节水型品种　对黄淮海玉米生产区主要推广的 57 个玉米品种在陕西杨陵区、澄城县 2 个生态环境中进行抗旱性鉴定, 结果表明, 同一品种在不同供水条件下抗旱性存在显著差异, 在正常灌水条件下表现高产的品种, 干旱胁

表 17-2 陕西渭北旱塬 1991—2009 年 4 ~ 9 月份的降雨量平均值

时 间	降雨量（毫米）	变异系数 %
4 月上旬	14.9 ±2.8	81.48
4 月中旬	9.2 ±2.4	115.94
4 月下旬	13.0 ±2.4	81.41
5 月上旬	14.5 ±3.0	89.45
5 月中旬	22.2 ±3.6	69.76
5 月下旬	15.2 ±2.5	72.19
6 月上旬	31.3 ±9.2	127.57
6 月中旬	20.6 ±4.2	88.47
6 月下旬	29.2 ±4.8	71.91
7 月上旬	33.1 ±6.4	83.96
7 月中旬	27.3 ±5.0	80.15
7 月下旬	35.3 ±5.6	69.74
8 月上旬	35.6 ±5.1	62.5
8 月中旬	35.0 ±7.1	88.62
8 月下旬	39.1 ±6.3	70.5
9 月上旬	22.9 ±4.4	83.44
9 月中旬	38.8 ±5.9	65.95
9 月下旬	21.6 ±4.8	97.17

迫条件下往往也表现高产。如郑单 958、浚单 20、沈玉 17、章玉 9 号、豫玉 23、先玉 335、秦龙 11、栗玉 2 号、富友 9 号、晋单 50、冀丰 58、章玉 9 号等 13 个品种。根据 57 个不同基因型玉米品种正常灌水和干旱胁迫产量潜力的平均值（481.98 千克 /667 米 ^{2} 和 325.47 千克 /667 米 ^{2}）划分为：高产稳产，低产适应干旱，低产和高产不适应干旱 4 类（图 17-1）。

结合产量抗旱指数（DRI）>0.9（图中气泡大小表示抗旱指数），筛选出郑单 958、冀玉 9 号、秦龙 11、栗玉 2 号、冀丰 58、先玉 335 等 6 个品种为抗旱品种。分别比平均产量（正常：481.98 千克 /667 米^2 和干旱：325.47 千克 /667 米^2）高出 31.3% 和 31.2%，11.2% 和 14.9%，7.8% 和 24.9%，10.7% 和 21.9%，18.4% 和 25.5%，6.4% 和 3.4%。

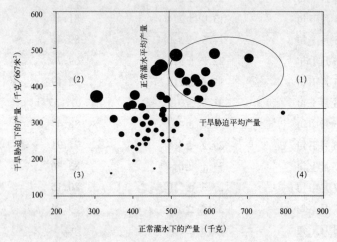

图 17-1　不同条件下玉米品种的产量变化

采用盆栽试验，选择 10 个玉米品种（郑单 958、先玉 335、陕单 8806、豫玉 22 号、农大 108、户单 4 号、户单 1 号、陕单 308、陕单 902、陕单 9 号）为供试材料，通过称重、烘干法计算水分利用效率（WUE）和生物学产量分析，初步筛选出郑单 958、陕单 8806 和陕单 9 号 3 个生物量大，水分利用效率高的高产、水分高效利用型玉米品种。其中水分利用效率分别高出平均值的 20.5%、29.9% 和 23.9%（图 17-2）。

通过采用盆栽控水试验发现，郑单 958、先玉 335、陕单 8806、豫玉 22 号、农大 108、户单 4 号、户单 1 号、陕单 308、陕单 902、陕单 9 号等 10 个玉米品种的水分利用效率、生物学产量和籽粒产量以及抗旱指数存在显著差异，综合考虑水分利用效率、生物学产量和籽粒产量以及抗旱指数 3 个关键因素，筛选出郑单958和先玉335两个抗旱节水型玉米品种，其抗旱指数均大于平均值，而且水分利用效率分别高出平均值8.6%和12.4%（图17-3）。

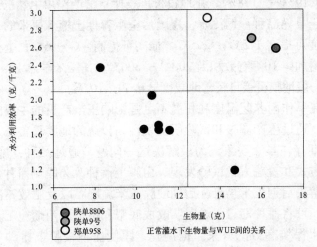

图 17-2 不同条件下玉米品种生物量与水分利用效率的变化

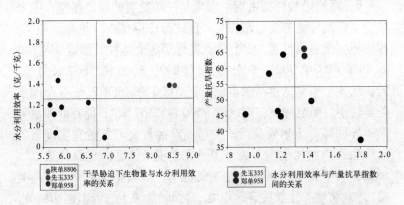

图 17-3 不同条件下玉米品种生物量、抗旱指数与水分利用效率的变化

4．选择适合的覆膜方式　在不同熟性品种（早熟和中熟）和不同栽培方式（地膜覆盖、露地栽培）条件下的观测发现，栽培方式的增产作用（10.47%～94.04%）大于品种的增产作用（0.19%～11.8%）。在地膜覆盖条件下增产作用中熟玉米品种大于早熟品种。据测定，覆膜后全生育期土壤5厘米的日平均温度可提高1.5℃～2.5℃，最高可提高4℃～6℃，全生育期可增加≥10℃有效积温200℃～300℃，使玉米早熟10～15天，一般地膜覆盖可较露地栽培早熟7～10天。

在旱作雨养区温度和积温不足是影响玉米产量的主要限制因素。通过生产调查和试验研究发现，传统的地膜覆盖玉米生长后期存在早衰现象。为了解决这一问题，通过品种、施肥、揭膜方式和覆盖方式试验发现，由膜上播种改为膜侧播种，可有效解决后期玉米早衰、后期地膜玉米施肥难以及肥效不高的问题，可将播种期"一炮轰"改成底肥和拔节肥两期施肥，达到蓄水保墒高效的效果。据调查，膜侧播种较膜上播种增产5%～8%，较不覆膜增产30%以上。

5．适当增加种植密度　密度是一项重要的增产措施，玉米增产与提高种植密度密切相关。在陕西杨陵、榆林（灌溉农业区）和澄城（雨养农业区）3个地点进行了3个品种（郑单958、陕单8806和陕单902）、2个密度（3 000、5 000株/667米²）试验。从3个不同试点结果看出，在3 000株/667米²，3个地点差异较小，而当种植密度达到5 000株/667米²，地点间和品种间差异明显。玉米要高产，种植高产品种要配置适宜密度，与当地生态条件相适应。进一步研究发现，保证一定总粒数，增加吐丝后干物质积累量，提高成穗率，协调群体库源关系是关键，适宜密度与吐丝后有效积温、日照时数等生态因素密切相关，与品种类型密切相关。

通过调整播期、由膜上播种改为膜侧播种，品种由高秆、稀植大穗型改种耐密、广适中熟品种，旱作雨养区玉米种植密

124

度可提高 300 ~ 500 株 /667 米 ^{2}，达到 3 500 ~ 4 000 株 /667
米 ^{2}。

（三）技术要点

1. **调整播期、等雨播种** 传统春玉米以 0 ~ 20 厘米地温
稳定通过 7℃ ~ 8℃ 为适宜播种期，本技术根据旱作雨养区玉米
生产实际，以"水分"关键指标进行播期调整，保证足墒播种，
确保出苗整齐、均匀，将播期适度拉长，等雨播种，可延长至
5 月上旬，提高了玉米生育高峰期与当地降水高峰期的吻合度，
保证玉米拔节期到降水高峰的可能受旱天数缩短在 30 天以内，
即在降水高峰期前 70 天左右播种。

2. **中熟品种、增密种植** 采用中熟、耐密和广适玉米品种
郑单 958、浚单 20、先玉 335 等，种植密度适当增加 300 ~ 500
株 /667 米 ^{2}。

3. **膜侧栽培、蓄水保墒** 在旱作雨养区，采用地膜覆盖膜
上栽培玉米存在玉米生长后期早衰和分次施肥困难的问题，通
过改膜上栽培为膜侧栽培，可缓解后期地膜玉米膜内地温高、
根系衰老快的症状，有利于后期施肥管理，达到蓄水保墒的效果。

4. **分次施肥、防衰增（粒）重** 改底肥"一炮轰"为两次施肥，
增加籽粒灌浆，提高粒重。

（四）适宜区域与注意事项

本项技术适宜于西北旱作雨养春播玉米种植区。

十八、玉米全膜双垄沟播种植技术

甘肃省地处西北内陆，是我国西部典型的干旱、半干旱农业大省。全省旱地面积 3 586.7 余万亩，约占耕地面积的69.5%。大部分旱作地区分布在陇东和中部黄土高原区，自然降水极其贫乏，有效水资源紧缺，年降雨量的70%集中在7、8、9 三个月，且多以暴雨形式出现，年蒸发量是年平均降水量的4倍左右。尤其是进入20世纪80年代以来，旱作区年降水量也呈现递减趋势，近10多年年平均降雨量减少60～100毫米。农作物旱灾面积占旱作面积的比例逐年上升（20世纪80年代为20%～30%；90年代达到40%；"十五"以来，大多年份达到50%左右）。水资源严重匮乏，季节性干旱常驻，极端脆弱的生态环境和严酷的自然条件，导致农业生产大起大落，粮食产量低而不稳。

针对甘肃省旱作农业存在的突出问题，从20世纪90年代中期开始，甘肃省农技推广站等单位紧紧围绕提高农田降水保蓄率、利用率和水分利用效率的核心问题，结合各期旱作农业项目的实施，不断寻求解决农田降水蓄与保的最佳途径和关键技术。经历10多年艰苦的工作和大量的研究与探索，创新提出了"玉米全膜双垄沟播技术"及其配套技术体系。有效地解决了旱地农田降水如何最大限度保蓄和旱地农田降水如何集流的问题，大幅度提高了农田降水利用率和水分利用效率，破解了困扰旱作农业的水分利用问题，为我国乃至世界旱作农业的发展找到了新的途径。

（一）增产增效效果

2003~2007年在甘肃省榆中、华池、临洮、庄浪、秦州、庆城、广河、通渭等县开展的试验表明，不同生态类型区全膜双垄秋覆膜、全膜双垄顶凌覆膜处理都具有显著的增产效果。全膜双垄沟播秋覆膜处理产量最高，顶凌覆膜处理次之，极显著高于半膜双垄沟播和半膜平铺春、秋覆膜处理。半膜双垄沟播处理产量显著地高于半膜平铺处理。试验结果总体显示：从覆盖方式看，全膜覆盖处理较半膜覆盖具有较好的增产效果；从覆盖时间看，以全膜双垄秋季覆膜处理增产较好，全膜双垄顶凌覆膜处理次之。不同生态类型区结果如下。

1. **半干旱偏旱区试验结果** 在年降水250~350毫米的半干旱偏旱区会宁、靖远、榆中三地的试验结果表明，以全膜双垄秋季覆膜增产效果最好，平均每667米^{2}产量为626.55千克，比对照增产214.36千克，增产52.01%；全膜双垄顶凌覆膜比对照增产199.61千克，增产44.64%；全膜覆盖春播覆膜增产171.27千克，增产38.30%；半膜双垄沟播不同覆盖时间每667米^{2}分别较对照增产10.38~104.16千克，增产率2.42%~23.29%；同时，靖远县试验显示在海拔1800~2200米的地区种植玉米全膜覆盖双垄沟播技术保水性好，水分利用率高，增产效果好，产量高，将甘肃省玉米种植区域的海拔高度提高了200~400米，扩大了玉米种植适宜范围，为甘肃省玉米产业的扩大提供了重要的技术依据。

2. **半干旱旱作农业区试验结果** 在年降水350~450毫米的半干旱偏旱区庄浪、通渭、秦安等地的试验结果表明，以全膜双垄顶凌覆膜增产效果最好，平均每667米^{2}产量为628.54千克，比对照增产181.37千克，增产40.56%；全膜双垄秋季覆膜比对照增产162.91千克，增产36.43%；全膜覆盖春播覆膜比对照增产 145.36 千克，增产 32.51%；半膜双垄沟播分别较对照增产 3.32% ～ 18.60%,增产效果明显不如全膜覆盖处理。

    3. 半湿润偏旱农业区试验结果   在年降水 450 ～ 500 毫米的半湿润偏旱区庆城、广河、华池等地的试验结果表明，以全膜双垄秋季覆膜增产效果最好，平均每 667 米^{2}产量为 682.12 千克，比对照增产 172.95 千克，增产 33.7%；全膜双垄顶凌覆膜增产效果次之，平均每 667 米^{2}产量为 668.647 千克，比对照增产 155.47 千克，增产 30.3%；全膜覆盖春播覆膜比对照增产 138.98 千克，增产 27.08%；半膜双垄沟播分别较对照增产 4.73% ～ 17.08%,有一定增产效果，但明显不如全膜覆盖处理。

    试验结果充分表明，双垄秋季全膜覆盖其核心技术是改春覆膜为秋季覆膜、改半膜覆盖为全地面覆盖地膜、改平铺为垄沟相间覆膜，可有效实现秋雨春用，非常适用于年降水 250 ～ 500 毫米的半干旱偏旱、半干旱旱作农业区推广；而顶凌全膜双垄沟播技术核心是改常规播期覆膜为早春顶凌覆膜、改半膜覆盖为全地面覆盖地膜、改平铺为垄沟相间覆膜，可有效降低春季干旱对土壤水分的损失，有利于抗旱保墒，适于年降水 250 ～ 500 毫米的旱作农业区大力推广应用。

（二）增产增效原理

    1. 玉米不同覆膜方式和覆膜时期对土壤水分的影响   在甘肃省中东部旱作农业区选择具有代表性的安定、榆中、庄浪及镇原 4 个县（区），分别代表 350 毫米、400 毫米、450 毫米、500 毫米 4 个降雨区域，2005–2007 年连续三年研究了玉米不同覆膜方式和覆膜时期土壤水分效应，结果表明：全膜双垄沟播玉米水分利用效率最高达到 2.52 千克／毫米·667 米^2，平均达到 2.20 千克／毫米·667 米^2。其中，秋季全膜双垄覆盖春季沟播玉米水分利用效率最高达到 2.52 千克／毫米·667 米^2，

128

平均达到 2.41 千克／毫米·667 米^2；顶凌全膜双垄春季沟播玉米水分利用效率最高达到 2.36 千克／毫米·667 米^2，平均达到 2.24 千克／毫米·667 米^2；播前全膜双垄沟播玉米水分利用效率最高达到 2.25 千克／毫米·667 米^2，平均达到 2.09 千克／毫米·667 米^2，播前半膜平铺玉米水分利用效率为 1.69 千克／毫米·667 米^2。甘肃省中东部旱作农业区平均年降雨量为 428.2 毫米，全膜双垄沟播玉米水分利用效率平均增加 0.51 千克／毫米·667 米^2，每 667 米^2 可增产 218.4 千克。

2．全膜双垄沟播技术的保墒增墒效应 玉米全膜双垄沟播栽培技术地面覆盖率达到了 100%，隔断了土壤裸露蒸发途径，最大限度地保蓄土壤水分。将占降水量 60%～65% 的无效蒸发降到了最低，提高了作物有效耗水比（蒸腾／蒸发），同时田间大小相间的垄面形成微型集水面，使一切形式的降水通过集水面聚集于播种沟内沿播种孔下渗到作物根系周围，蓄存于土壤之中，增加膜下墒情，改善了农田的水分供给状况，提高了玉米生产的水分满足率和对水分的利用效率。

全膜覆盖后玉米蒸散量主要以蒸腾为主，而半膜和露地种植下，蒸散量中株间蒸发占有很大的比例。据庄浪县玉米几个关键生育时期不同覆膜模式 0～100 厘米土壤含水量的测定结果和观察，玉米半膜覆盖栽培地面覆盖率低，虽利于降水入渗，但未覆盖的裸露部分同时也是水分蒸发损失的主要渠道，平均土壤含水量为 106.8 克／千克。全膜双垄沟播玉米生育期平均土壤含水量为 159.4 克／千克，比半膜覆盖玉米生育期平均土壤含水量高 52.6%，明显起到了抑制土壤水分蒸发、增墒抗旱的作用。

秋季全覆膜和早春顶凌全覆膜对冬春休闲期土壤水分的保蓄效果显著。据 2006 年在安定区北部山区梯田地的测定结果表明，秋季全覆膜播前 1.0 米和 2.0 米土层的土壤平均含水量分别为 184.52 克／千克和 159.86 克／千克，较同期半膜覆盖土壤含水量分别提高22.18克／千克和19.52克／千克，较裸地土壤含水量分别提高36.34克／千克和17.19克／千克。早春顶凌全覆膜播前1.0米和2.0米土层的土壤平均含水量分别为178.23克／千克和149.12克／千克，较同期半膜覆盖土壤含水量分别提高21.53克／千克和17.12克／千克，较裸地土壤含水量分别提高31.36克／千克和15.41克／千克。

3．**全膜双垄沟播技术的增温效应**　日光中的短波辐射能够透过地膜，增加地温；夜间地膜阻止地表的长波辐射，避免地表的暖流热交换，降温缓慢；同时，由于减少因水分蒸发而损失的气化热，所以地膜的增温效应十分明显。地膜覆盖的热量补偿效应，有效地弥补了露地栽培积温不足的矛盾，满足了玉米前期和中期生长发育所急需的活动积温，促进了玉米的生长发育，使生育期提前20天左右。据测定，地膜覆盖5～6月份即玉米出苗至拔节期，覆膜的增温效应最大，此期全膜双垄沟播5厘米地温较露地增加7.1℃～7.5℃；半膜覆盖5厘米地温较露地增加5.0℃～6.2℃；玉米拔节至收获期增温不显著。全膜双垄沟播增温效应使玉米各生育期明显提前，与半膜覆盖相比，全膜双垄沟播玉米早出苗4～6天，拔节提前9～11天，吐丝提前7～17天，早成熟7～20天，生育期的提前为高海拔地区种植玉米和扩大中晚熟高产玉米的种植区域创造了条件。

4．**全膜双垄沟播技术的增光效应**　地膜全覆盖后，白色塑料薄膜以及膜下的细小水珠能反射太阳光线，增加田间特别是接近地表空间的光照强度，加上覆膜后二氧化碳的浓度较高，从而使玉米的光合作用得到增强，尤其是中下部叶片的光合强度增加明显。

5．**全膜双垄沟播技术对土壤的影响**

（1）对土壤结构的影响　甘肃省农技总站在安定区的试验结果表明，全膜双垄沟播能减缓雨水对地表的直接侵蚀和田间农事作业对地表的直接踩压，使土壤疏松多孔，增加通透性，

$0 \sim 10$ 厘米土壤容重降低 0.02 克／厘米^3,$10 \sim 20$ 厘米降低 0.03 克／厘米^3;半膜覆盖 $0 \sim 10$ 厘米土壤容重降低 0.018 克／厘米^3, $10 \sim 20$ 厘米降低 0.01 克／厘米^3。全膜双垄沟播孔隙度增加 9.72%,固相下降 7.13%,气相增加 3.12%,液相增加 34.10%。同时,目测覆膜表层土壤呈海绵状。

（2）对土壤微生物的影响　全膜双垄沟播后,土壤温度高,水分含量稳定,为土壤微生物繁衍创造了条件,促进了微生物的活动和繁殖,加速了土壤养分转化,加快了有机质分解,促进了矿物质营养转化成速效可供态,提高了土壤肥力。据甘肃省农技总站在榆中县测定,覆膜土壤比露地土壤各类微生物种群显著增加,细菌数量多 88% ～ 140%,放线菌数量多 70% ～ 125%,硝化细菌数量多 40% ～ 57%,自生固氮菌数量多 4% ～ 8%,土壤有效养分速效氮 (N)、磷 (P_2O_5)、钾 (K_2O) 含量增加。

（3）对土壤盐分的影响　通过全膜双垄沟播,抑制返盐效果显著,有利于玉米的出苗和全苗。据调查,盐碱地玉米覆膜后,出苗率提高 60% 左右,增产十分明显。

（4）对土壤pH值的影响　据甘肃省农技总站在永登县调查,半膜覆盖玉米苗期、拔节期和成熟期土壤的 pH 值分别为 7.8、7.6 和 7.3,全膜双垄沟播的 pH 值则为 7.7, 7.5 和 7.1,低于半膜覆盖。

6．全膜双垄沟播技术对玉米根系生长的影响　由于膜内土壤温度和水分含量增高,以及土壤物理结构得到改善,全膜双垄沟播玉米根系生长能力比半膜覆盖玉米明显增强。据甘肃省农技总站在安定区测定,全膜双垄沟播玉米比半膜覆盖玉米总根数增加 19 条,侧根增加 12 条,多 1 层根,根鲜重和株鲜重也显著增加。

7．全膜双垄沟播技术对玉米地上部茎叶生长的影响　由于全膜双垄沟播改善了土壤理化性状,玉米根系发达,从而促进

131

了玉米地上茎叶的生长。据甘肃省农技总站 2006 年在安定、庄浪、榆中等地测定表明，全膜双垄沟播玉米在生育前期比半膜玉米多 2 ~ 3 片叶，生长中期单株叶面积比半膜覆盖玉米增加 0.67 ~ 1.89 倍，到抽穗开花期，单株叶面积仍比半膜覆盖玉米大 17.6% ~ 19.4%。在榆中县的试验表明，全膜双垄沟播玉米生育后期（蜡熟期）仍保持较大的叶面积系数，为 5.6，半膜覆盖、露地的分别为 4.3 和 2.5。这些都说明全膜双垄沟播玉米生育后期有较大的光合面积。

8. 全膜双垄沟播技术对玉米生育进程的影响　地膜覆盖后，膜内温度提高，玉米生育进程加快，表现在提前出苗、提前吐丝、提前灌浆以及提前成熟。据甘肃省农技总站 2006 年在庄浪、榆中等地测定，全膜双垄沟播玉米比半膜覆盖玉米出苗期、抽雄期、成熟期分别提前 2 ~ 3 天、5 ~ 7 天、8 ~ 10 天，全生育期提前 15 ~ 20 天。

（三）技术要点

1. 播前准备

（1）选地整地　选择地势平坦、土层深厚、土质疏松、肥力中上、土壤理化性状良好、保水保肥能力强、坡度在 15° 以下的地块，不宜选择陡坡地、石砾地、重盐碱等瘠薄地。

在伏秋前茬作物收获后及时深耕灭茬，耕深达到 25 ~ 30 厘米，耕后及时耙糖。秋季整地质量好的地块，春季尽量不耕翻，直接起垄覆膜；秋季整地质量差的地块，覆膜前要浅耕，平整地表，有条件的地区可采用旋耕机旋耕，做到地面平整、无根茬、无坷垃，为覆膜、播种创造良好的土壤条件。

（2）施肥　全膜双垄沟播技术应加大肥料施用量。一般每 667 米^2 施优质腐熟农家肥 3 000 ~ 5 000 千克（若计划采用一膜两年用，由于第二年施肥困难，第一年农肥施用量应增加到

7000 千克 /667 米²以上），起垄前均匀撒在地表。

　　每 667 米²施尿素 25 ～ 30 千克，过磷酸钙 50 ～ 70 千克，硫酸钾 15 ～ 20 千克，硫酸锌 2 ～ 3 千克或每 667 米²施玉米专用肥 80 千克，划行后将化肥混合均匀撒在小垄的垄带内（图 18-1）。

图 18-1　施　肥

　　（3）划行起垄

　　①划行　每幅垄分为大小两垄，垄幅宽 110 厘米。用木材或钢筋制作的划行器（大行齿距 70 厘米、小行齿距 40 厘米），一次划完一副垄（图 18-2）。划行时，首先距地边 35 厘米处划一边线，然后沿边线按照一小垄一大垄的顺序划完全田。

　　②起垄　川台地按作物种植走向开沟起垄、缓坡地沿等高线开沟起垄，大垄宽 70 厘米、高 10 厘米，小垄宽 40 厘米、高 15 厘米（图 18-3）。

使用起垄机沿小垄划线开沟起垄；用步犁开沟起垄，沿小垄划线来回向中间翻耕起小垄，将起垄时的犁臂落土用手耙刮至大垄中间形成垄面，用整形器整理垄面，使垄面隆起，防止形成凹陷不利于集雨。要求起垄覆膜连续作业，防止土壤水分散失（图18-4）。

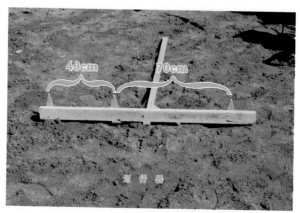

图18-2 划行器

图18-3 起垄

图 18-4　用整垄器整理垄面

（4）土壤消毒　　地下害虫为害严重的地块，起垄后每 667 米^{2}用 40%辛硫磷乳油 0.5 千克加细沙土 30 千克，拌成毒土撒施，或对水 50 升喷施（图 18-5）。

杂草危害严重的地块，起垄后用 50%乙草胺乳油 100 克对水 50 升全地面喷施，喷完后及时覆膜。

图 18-5　土壤消毒

（5）覆　膜

①秋季覆膜　前茬作物收获后，及时深耕耙地，在10月中下旬起垄覆膜。此时覆膜能够有效阻止秋冬春三季水分的蒸发，最大限度地保蓄土壤水分，但是地膜在田间保留时间长，要加强冬季管理，秸秆富余的地区可用秸秆覆盖护膜（图18-6）。

②顶凌覆膜　早春3月上中旬土壤消冻15厘米时，起垄覆膜。此时覆膜可有效阻止春季水分的蒸发，提高地温，保墒增温效果好。可利用春节刚过劳力充足的农闲时间进行起垄覆膜（图18-7）。

图18-6　秋季覆膜

图18-7　顶凌覆膜

③覆膜方法　选用厚度0.008～0.01毫米、宽120厘米的地膜。沿边线开5厘米深的浅沟，地膜展开后，靠边线的一边在浅沟内，用土压实；另一边在大垄中间，沿地膜每隔1米左右，用铁锹从膜边下取土原地固定，并每隔2～3米横压土腰带。覆完第一幅膜后，将第二幅膜的一边与第一幅膜在大垄中间相接，膜与膜不重叠，从下一大垄垄侧取土压实，依次类推铺完全田。覆膜时要将地膜拉展铺平，从垄面取土后，应随即整平（图18-8，图18-9）。

图18-8　用土压住两幅膜接缝处

图18-9　横压土腰带

④覆后管理　覆膜后一周左右，地膜与地面贴紧后，在沟中间每隔50厘米处打一直径3毫米的渗水孔，使垄沟的集雨入渗。田间覆膜后，严禁牲畜入地践踏造成地膜破损。要经常沿垄沟逐行检查，一旦发现破损，及时用细土盖严，防止大风揭膜。

（6）种子准备

①选用良种　结合当地的自然条件（降雨、积温）和气候特征（晚霜时间、小气候特点），选择株型紧凑、抗病性强、适应性广、品质优良、增产潜力大的杂交玉米品种，在甘肃省主要有沈单16号、豫玉22号、金穗系列、金源系列、酒试20等。

②种子包衣　在地下害虫重、玉米丝黑穗病轻（田间自然发病率小于5%）的地区，干籽播种时，可选用20%丁·戊·福美双悬浮种衣剂，按药种比1：60进行种子包衣。

③药剂拌种　地下害虫轻、玉米丝黑穗病重的地区，干籽播种时，可选择的药剂有2%戊唑醇拌种剂，按种子量的0.3%～0.4%拌种。在地下害虫重、玉米丝黑穗病也重（田间自然发病率大于5%）的地区，采用2%戊唑醇，按种子重量的0.4%拌种，播种时再用辛硫磷颗粒剂2～3千克/667米^{2}随种肥下地。

2. 适期播种

（1）播种时间　当气温稳定通过10℃时为玉米适宜播期，各地可结合当地气候特点确定播种时间，北方春玉米区一般在4月中下旬。

（2）播种方法　用玉米点播器按规定的株距将种子破膜穴播在沟内，每穴下籽2粒，播深3～5厘米，点播后随即踩压播种孔，使种子与土壤紧密结合，或用细砂土、牲畜圈粪等疏松物封严播种孔，防止播种孔散墒和遇雨板结影响出苗（图18-10，图18-11）。

图18-10 用点播器播种

图18-11 用牲畜粪便或沙土封住播种孔

（3）合理密植 依据土壤肥力状况、降雨条件和品种特性确定种植密度。年降雨量300~350毫米的地区以3 000 ~ 3 500株/667米^{2}为宜，株距为35 ~ 40厘米；年降雨量350 ~ 450毫米的地区以3 500 ~ 4 000株/667米^{2}为宜，株距为30 ~ 35

厘米；年降雨量 450 毫米以上地区以 4 000 ～ 4 500 株 /667 米²为宜，株距为 27 ～ 30 厘米。肥力较高，墒情好的地块可适当加大种植密度。

3. 田间管理

（1）苗期管理（出苗至拔节期）　苗期管理的重点是在保证全苗的基础上，促进根系发育、培育壮苗，达到苗早、苗足、苗齐、苗壮的"四苗"要求。

①破土引苗　在春旱时期遇雨，覆土容易形成板结，导致幼苗出土困难，使出苗参差不齐或缺苗，所以在播后出苗时要破土引苗，不提倡沟内覆土（图 18-12）。

图 18-12　破土引苗

②定苗　幼苗达到 4 ～ 5 片叶时，即可定苗，每穴留苗 1 株，除去病、弱、杂苗，保留生长整齐一致的壮苗。

③打杈　全膜玉米生长旺盛，常常产生大量分蘖（杈），消耗养分，定苗后至拔节期间，要勤查勤看，及时将分蘖彻底从基部掰掉，注意防止玉米顶腐病、白化苗及虫害。

（2）中期管理（拔节至抽雄期）　中期管理的重点是促进

叶面积增大，特别是中上部叶片（棒三叶），促进茎秆粗壮墩实。此期要注意防治玉米顶腐病、瘤黑粉病及玉米螟等虫害。

当玉米进入大喇叭口期，追施壮秆攻穗肥，一般每 667 米^2 追施尿素 15～20 千克。追肥方法可采用玉米点播器或追肥枪从两株中间打孔施肥（图 18-13），或将肥料溶解在 150～200 千克水中，用壶在两株间打孔浇灌 50 毫升左右。玉米全膜双垄沟播后，水肥热量条件好，双穗率高，时常还出现第三穗，应尽早掰除第三穗，减少养分消耗。

图 18-13　打孔追肥

（3）后期管理（抽雄至成熟期）　后期管理的重点是防早衰、增粒重、防病虫。要保护叶片，提高光合强度，延长光合时间，促进粒多、粒重。肥力高的地块一般不追肥以防贪青；若发现植株发黄等缺肥症状时，应及时追施增粒肥，一般以每 667 米^2 追施尿素 5 千克为宜。

（4）适时收获　当玉米苞叶变黄、籽粒乳线消失、籽粒变硬有光泽时收获。果穗收后搭架或晾晒，防止淋雨受潮导致籽粒霉变，待水分含量降至14%以下后，脱粒贮藏或销售；果穗收后，秸秆可及时收获青贮。秸秆收后可将地膜保留在地里，保蓄秋、冬季土壤水分，在第二年土壤消冻后顶凌覆膜时，撤膜、整地、施肥、起垄、覆膜。注意残旧地膜的回收。

（四）适宜区域与注意事项

该技术适宜种植区域为年降雨量 250 ～ 550 毫米的干旱半干旱区，技术推广过程中需要注意施足底肥，做好地膜回收等工作。

十九、全膜双垄沟播玉米
一膜两年用技术

鉴于全膜双垄沟播技术用膜量大，且由于地膜厚度、韧度不够，投入的地膜只能用一个生产季节，第二年需购新膜，铺新膜。这无形中增加了地膜的投入，提高抗旱生产成本，且每年产生的废旧地膜数量增加，对环境及土壤污染逐年加重。对此，经过大量的研究与探索，甘肃省提出了旱作区全膜双垄沟播玉米一膜两年用技术，其技术核心是在全膜双垄沟播技术的基础上，延长地膜覆盖时间，实现覆一次膜种植一茬作物向覆一次膜连年种植两茬作物的转变。

（一）增产增效情况

一膜两年用技术的提出有效地解决了旱作区冬春季节农田降水的保蓄问题，且节约了地膜、劳力的投入，降低了抗旱生产成本，减轻了废旧地膜对环境的污染；地膜长时间、大面积对土地的覆盖，有效遏制了水土流失、减轻了风蚀，保护了生态环境。在甘肃省榆中县试验结果表明，全膜双垄沟播玉米一膜两年用栽培模式下玉米农艺性状明显优于半膜覆盖穴播玉米，产量比半膜覆盖穴播玉米增产 63.74 千克 /667 米^2，增产 16.31%；前期土壤含水量显著提高，玉米出苗率比全膜双垄沟播顶凌覆膜玉米和半膜覆盖穴播玉米分别提高 2.58% 和 14.5%；投入分别减少 90 元 /667 米^2 和 124 元 /667 米^2，纯收入分别增加 46.93 元 /667 米^2 和 203.67 元 /667 米^2，经济效益显著。在庄浪县的试验结果显示，全膜双垄沟播玉米一膜两年用技术减少了地膜、耕作等的费用投入，较露地对照增收 137.77 元 /667 米^2，较全膜双垄沟播玉米（新覆膜）增收 50.11 元 /667 米^2。

（二）增产增效原理

各地试验表明，一膜两年用能有效地提高土壤的保水能力，最大限度地提高水分利用率。甘肃省庄浪县测定，全膜双垄沟播玉米一膜两年用技术经过了秋季和冬季两个季节，有效接纳蓄集了秋季降雨和冬季降雪，提高了土壤含水量，0～20 厘米耕层土壤平均含水量为 20.87%，分别比春季覆膜和露地对照增加了 3.32% 和 6.54%，有效供给了玉米生育期的需水（表 19-1）。

表 19-1　0～20 厘米耕层土壤含水量测定结果（%）

处　理	播种期	出苗期	拔节期	大喇叭口期	灌浆期	成熟期	平均含水量
一膜两用	22.6	21.8	19.9	25.2	21.2	14.5	20.87
春季覆膜	14.3	14.8	18.6	24.3	20.1	13.2	17.55
露地对照	14.3	12.2	15.2	19.2	14.2	10.9	14.33

在甘肃通渭县 4～9 月份的观测，一膜两年用土壤平均含水量 17.47%，比秋季全膜双垄沟低 0.57%，比春季全膜双垄沟高 0.19%，比春季半膜双垄沟高 3.42%，比露地高 4.94%（表 19-2）。

表 19-2　一膜两年用与其他覆膜方式土壤墒情测定结果（%）

测定日期（月.日）	一膜两年用	秋季全膜沟播	春季全膜沟播	春季半膜双垄沟播	露　地
4.15	21.64	21.64	20.35	17.29	15.14
4.25	18.90	19.41	17.97	16.57	14.53

测定日期 （月．日）	一膜两年用	秋季全膜 沟播	春季全膜 沟播	春季半膜 双垄沟播	露　地
5.05	16.79	17.89	17.51	15.53	13.95
5.15	16.79	17.98	17.51	15.53	13.95
5.25	21.29	21.12	20.43	18.77	16.19
6.05	19.69	19.63	19.83	17.47	13.19
6.15	17.16	18.00	16.99	13.80	12.11
6.25	17.33	17.80	17.22	13.60	10.98
7.05	12.69	15.56	13.75	10.85	8.94
7.15	10.81	11.81	10.45	8.99	7.74
7.25	12.41	13.65	11.91	9.67	8.30
8.05	18.43	18.64	18.16	14.82	12.24
8.15	18.15	18.60	18.14	15.61	12.08
8.25	18.52	18.70	18.44	16.01	12.58
9.05	19.12	18.98	18.83	16.76	13.98
9.15	19.89	19.20	18.92	17.02	14.58
平　均	17.47	18.04	17.28	14.89	12.58

（三）技术要点

该技术的核心是在田间地表起大小相间的双垄，并在大小垄之间形成沟槽后，用地膜全地面覆盖，在沟内播种作物，前茬玉米收获后，免耕，保护好地膜，第二年继续种植二茬作物。同时将全膜双垄沟播技术地膜覆盖的时间由 6 个多月延长到 16

个多月，地膜由厚度为 0.005 毫米～0.006 毫米普通地膜改为厚度为 0.008～0.01 毫米并加入耐老化剂的一膜两年用专用地膜，延长了地膜使用寿命；由种植玉米一种作物改为种植玉米、马铃薯、冬油菜、冬小麦、胡麻、向日葵以及经济作物等多种作物。技术要点如下。

1．根茬还田 第一年玉米收获时，高茬收割秸秆（地上 15 厘米左右），所留玉米根系及茎秆经高温多雨季节土壤微生物的分解还田，增加土壤有机质。

2．冬季保护地膜 在上年玉米收获后，用细土将破损处封好，玉米秸秆垂直于膜面放置或留高茬，严防牛羊践踏，保护好地膜（图 19-1，图 19-2）。

图 19-1 玉米收获后高留茬

图 19-2 玉米收获后秸秆覆盖膜面

3．春季清除秸秆 播前一周左右将玉米秆运出，扫净残留茎叶，用细土封住地膜破损处。

4．播 种

（1）选用良种 选用适宜当地自然条件、抗旱丰产性能好的优良玉米品种，在甘肃地区可选沈单16号、豫玉22号、金穗系列、金源系列和酒试20等。原则上使用包衣种子，对少数未经包衣或包衣药剂针对性差的种子，播前必须进行药剂拌种。

（2）播种时间 当气温稳定通过10℃时播种，一般在4月中下旬。播种不宜过早，以防晚霜冻危害，造成缺苗。

（3）种植方式 用自制玉米点播器按要求的株距与上年播种孔相错10～15厘米点播，播后用细沙土或炕灰土封好播种孔。应采用双籽点播，点播后用细沙或沤熟的粪土封穴覆盖，防止播种孔大量散墒和遇雨板结影响出苗。

5．合理密植 玉米肥力较高的旱川地、沟坝地、梯田地株距28～40厘米，每667米^{2}保苗3000～4300株；肥力较低的旱坡地和早中熟品种适当加大株距35～43厘米，每667米^{2}保苗2800～3500株。

6．田间管理 重点是在生长期分次追肥，追肥均采用打孔或用追肥枪在两株中间追施。

（1）苗期管理 玉米出苗前，由于降水主要集中在种子周围，易形成板结，应人工破土引苗；出苗后4～5片叶时及时定苗。拔节期用追肥枪或打孔追施尿素20～25千克，过磷酸钙20～30千克，硫酸锌2～3千克（图19-3）。

（2）中期管理 当玉米进入大喇叭口期，即10～12片叶时，用追肥枪在相邻两株玉米间打孔，每667米^{2}追施尿素15～20千克。

（3）后期管理 玉米后期应重视防早衰、增粒重。若发现植株发黄，再追施1次攻粒肥，一般每667米^{2}追施尿素3～5千克。在雄穗抽出2/3时隔行隔株去雄。

图 19-3　玉米追肥

7. **病虫害防治**　注意病虫害的发生与危害，黏虫发生时用20%杀灭菊酯乳油2 000～3 000倍液喷雾防治；大喇叭口期用辛硫磷毒沙防治玉米螟，抽穗期用73%丙炔螨特1 000倍液防治红蜘蛛，发生大小斑病时用50%多菌灵可湿性粉剂500倍液，或65%代森锰锌可湿性粉剂500倍液防治。

8. **适时收获**　当玉米苞叶变黄、籽粒乳线消失、籽粒变硬有光泽时即可收获。在条件允许的情况下尽量晚收，以保证籽粒的充分灌浆和成熟。

9. **残膜回收**　玉米收获后，如果地膜破损严重，及时耙除田间残膜，整地进行秋覆膜，注意残膜回收。

（四）适宜区域与注意事项

该技术适宜种植区域为年降雨量250～550毫米的干旱半干旱区域，该技术推广过程中需要注意上足底肥，做好地膜的重复利用等工作。其他栽培技术参照《玉米全膜双垄沟播种植技术》。

二十、宁夏引／扬黄灌区玉米 高产高效种植技术

宁夏地处我国西北内陆，属温带大陆性干旱半干旱气候，中北部地区的引／扬黄灌区海拔1000～1500米，年降水量200～300毫米，农业生产完全依赖黄河灌溉。这里土层深厚，光热资源丰富，昼夜温差大，是典型的玉米高产区。但是，自1998年以来，近10年间宁夏引黄灌区玉米单产水平和效益无明显提高，分析其主要原因有：以麦套玉米为主，限制了玉米单产和效益的提高；生产成本高，水、肥投入大，利用效率低；春季干旱异常天气常常造成缺苗断垄；沿用套种模式，品种以大穗稀植型为主，种植密度普遍偏低；早收现象严重等。为了提高玉米产量和效益，在农业部高产创建、科技入户示范工程及自治区粮食增产技术开发等项目的支持下，开展了玉米高产高效标准化栽培技术研究与示范，制定了"引黄灌区玉米超高产栽培技术规程"（DB 64/T 540-2009）。以"一增四改"高产栽培技术为基础，以提高播种质量，抓苗全苗齐，深松改土，磷肥深施，测墒灌水，氮肥后移，适当补钾为重点，有效地解决影响玉米生产的主要障碍因子，发挥玉米增产潜力，提高肥料利用效率，降低劳动生产成本，推动玉米生产向高产高效标准化方向发展。

（一）增产增效情况

在宁夏引黄灌区和扬黄灌区试验示范结果表明，玉米高产高效种植技术可使大面积玉米生产实现单产1000千克/667米^2，或

比传统种植产量水平和效益提高15%以上。在投入水平较低的扬黄补充灌溉区的同心县河西镇、长山头农场，以及在肥水条件较好的引黄灌区吴忠市利通区、连湖农场、平吉堡农场、永宁县等地，多次创造了大面积667米²产量在1000千克以上的玉米高产，其中2008年在平吉堡农场38亩平均667米²产量达1248.9千克，2009年在永宁县王太堡11.5亩示范田平均每667米²产量为1124.3千克，2010年在同心县河西镇桃山村1219亩高产创建核心区平均667米²产量为1120.6千克（图20-1）。

图20-1　2010年宁夏同心县玉米高产田

（二）增产增效原理

1. **资源丰富的光热，为玉米高产提供了保障**　宁夏光热资源丰富，年太阳总辐射量145.5千焦/厘米²，年平均气温8℃～9℃，≥10℃活动积温3000℃以上，年平均日照时数在3000小时以上，日照百分率在60%以上，为玉米大面积创高产提供了优越的自然条件。经测算，宁夏光温潜在产量在2400千克/667米²，但是，宁夏平均单产水平还较低。2005-2007年宁夏玉米平均单产只有464.1千克/667米²，仅相当于2008年大面积高产创建生产示范平均 667 米^2 产 1 248.8 千克的 2/5，同期宁夏玉米品种区域试验平均 667 米^2 产 697.7 千克，与玉米高产栽培产量相差 551.2 千克。由此可见，通过栽培技术更新提升宁夏玉米产量的潜力巨大（图 20-2）。

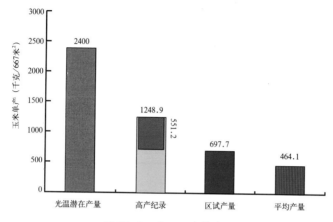

图 20-2　宁夏玉米的产量潜力

2．单种玉米比麦玉套种具有更高的效益和比较优势　目前，引黄灌区麦玉套种面积占玉米总播种面积的 60% 以上。麦玉套种以充分利用有限的土地资源和空间优势提高单位面积产出量为目标，但共生期间的互作效应往往成为限制因子，既影响了小麦产量，也限制了玉米产量潜力的挖掘。比较两种种植模式，单种玉米具有以下比较优势。

（1）单种玉米有利于机械化作业　机械化是农业发展的方向，但套种玉米的播种、中耕、施肥、收获等环节均不利于机械化作业。

（2）单种玉米可提高肥料利用效率　玉米根系发达，需要深施肥（30 ~ 40 厘米）提高肥料（尤其磷肥）的利用效率，但套种条件下难以实现。在麦玉套种条件下，前期小麦对氮肥需求量大，但过量的氮肥造成玉米前期营养生长过旺，往往穗位偏高，后期易倒伏，因此套种肥料难以控制，肥料的利用效率很难提高。

（3）劳动投入大，生产成市高，效益低　随着劳动力价值的提高，农村剩余劳动力的减少，需要减少劳动强度和生产环节，降低生产成本。麦玉套种 667 米^2 需要 21.5 个劳动日，单种玉米只有 14.5 个。田间劳动总工作日虽然不多，但却贯穿于作物生长期始终，如果将劳动用工按可比价纳入成本，麦玉套种投入成本更高，产出效益并不高（表 20-1）。

表 20-1　引黄灌区单种玉米与麦套玉米产、投效益比较（单位：667 米^2）

投入产出项目	单种玉米	麦玉套种
播种量（千克）	3	22.5/2.5
种子费（元）	24	72
N 肥数量（千克）	18	30
N 肥价值（元）	73.37	122.28
P_2O_5 数量（千克）	8.5	12.5
P_2O_5 价值（元）	96.09	141.3
农药等（元）	35	52.42
用水量（米^3）	350	550
水　费（元）	70	70
机械设备费（元）	180	230
劳动力投入（个工日）	14.5	21.5
价　值（元）	507.5	752.5
总投入（元）	985.96	1440.5
主产品产量（千克）	900	335/550
主产品产值（元）	1296	1522.3
副产品（元）	80	135
产　值（元）	1376	1657.3
未计劳动力投入的纯收入（元）	897.54	969.3
扣除劳动力投入后的纯收入（元）	390.04	216.8

注：按 2008 年 10 月银川市场价格，小麦：2.18 元 / 千克，玉米：1.44 元 / 千克，劳动用工：35 元 / 日，选用同水平高产田比较

（4）节水效果明显　麦玉套种用水量较大，全生育期需水600～700米^3，单种玉米全生育期需水只有300～350米^3，而且玉米头水灌溉一般在6月上中旬，可避开3～5月份黄河用水高峰期，达到节水高效的目的。另外，小麦苗期正处于幼穗分化关键期，对水分依赖性较大，但此时玉米正需要旱长根，灌水不利于玉米生长发育。

3．选择耐密型品种，增加种植密度能显著提高玉米单产水平　2005-2007年在宁夏引／扬黄灌区开展玉米品种高产竞赛，结果表明，即使在中高密度下（5 500株／667米^2），郑单958等耐密型品种产量各年份均排名前三名，比稀植大穗型品种沈单16号增产5%左右（表20-2）。密度试验结果表明，随着种植密度增大籽粒产量增加，每667米^{2}6 000株密度的产量最高，为1 150.0千克／667米^2，从4 000株到6 000株之间未出现拐点，不同种植密度产量之间表现显著差异，说明增加种植密度是提高宁夏引／扬黄灌区玉米单产的有效手段（表20-3）。

表20-2　设计密度5 500株／667米^{2}条件下不同玉米品种产量及主要性状比较

品　种	吐丝期（月／日）	千粒重（克）	穗长（厘米）	秃尖长（厘米）	穗粒数（粒）	出籽率（%）	产量（千克／667米^2）	增幅（%）
郑单958	7/16	351	20	0	692.8	87.7	1071.1	4.47
沈玉21	7/16	319	22.6	0	759.3	87.3	1076.8	5.02
辽单565	7/16	357	18.6	0.1	656.2	84.3	1082.0	5.53
沈单16	7/24	356	23.4	1.4	695.4	80.5	1025.3	－

153

表 20-3 不同种植密度玉米籽粒产量及综合性状比较

种植密度(株/667米²)	株高(米)	基茎粗(厘米)	千粒重(克)	穗粒数(粒)	穗长(厘米)	秃尖长(厘米)	出籽率(%)	单产(千克/667米²)
6000	2.84	2.36	320.2	651	19.9	2.14	85.9	1150.0
5500	2.80	2.4	325.1	661	20.7	2.13	86.6	1133.0
5000	2.96	2.56	335.5	712	20.6	1.61	87.1	1161.7
4500	2.88	2.72	338.1	728	21.0	1.74	86.2	1095.5
4000	2.92	2.63	350.1	719	21.5	1.72	84.3	1084.8

4．水肥高效利用是实现高产高效的重要途径 从施肥方式来看，底肥投入很大，生产中普遍将未腐熟的农家肥和氮磷钾肥在春季种植前撒施地表后耙糖入土，肥料基本上在地表 10 厘米左右，很难发挥作用。水、肥、密技术研究结果表明，①播前磷肥深施（地表 20 厘米以下）较浅施地表产量提高 8.30%；②氮肥后移即将总施氮量的 20% 在乳熟期追施可增产 2.10%；③增施钾肥（K_2O：5 千克/667 米²）较不施钾肥增产 0.05%，增幅较小，这与引黄灌区土壤富钾有关。

玉米根系发达，80% 根系分布在地表以下 30 厘米左右的土层，而目前多数机耕深度只有 20～25 厘米，因此要增加耕作深度，为根系发育创造良好的条件。考虑到春季动土容易跑墒，应结合上年秋季深耕翻晒，将农家肥和磷肥结合秋季耕地深施在地表以下 20～30 厘米，能有效改善土壤质地，提高肥料利用效率。

磷肥移动性较差，主要作底肥和拔节肥，拔节期至大喇叭口期施磷一定要结合中耕深松深施。同时，引黄灌区土壤含钾量较高，但高群体下增施钾肥有利于增强抗性、提高产量。在确保播种墒情的基础上，玉米幼苗期间切忌灌水，适当的干旱有利于根系发育。拔节期、抽雄期对肥水需求量大，需要75%～80% 的田间持水量，同时，拔节期、抽雄期、灌浆中期是玉米需水高峰期,灌水有利于提高肥料利用率,促进生长发育。

5.最佳播期的确定为高产奠定了基础 多年来,宁夏引黄灌区普遍存在着玉米播种偏早的现象,绝大多数农民在4月上旬播种。播期试验研究表明,不同品种播期产量均表现为,4月下旬＞4月中旬＞4月上旬＞5月上旬。其中,从4月上旬开始至4月下旬产量逐渐递增,到4月下旬达到最高峰,之后开始下降。表明宁夏引黄灌区适宜播种期应为4月中下旬,早播种增加了晚霜冻害的风险。

从穗部发育来看,穗粒数随着播期的推后而增加,依次为5月5日＞4月25日＞4月15日＞4月5日。4月份播种随播期推后千粒重增加,以4月25日播期千粒重最高,5月5日播期千粒重最低。4月15日播期出籽率最高,总体来看随着播期的推后出籽率有下降的趋势(表20-4)。

表20-4 不同播期玉米生育性状、产量及其性状表现

播期(月/日)	出苗期(月/日)	吐丝期(月/日)	株高(米)	穗长(厘米)	秃尖长(厘米)	穗粒数	千粒重(克)	出籽率(%)	产量(千克/667米²)
4/5	4/29	7/16	3.03	23.3	1.18	689	345	82.3	1045.9
4/15	5/1	7/18	3.17	23.0	1.28	695	354	84.2	1087.4
4/25	5/6	7/19	3.25	23.3	1.47	693	356	83.8	1140.8
5/5	5/19	7/23	3.35	22.8	0.74	775	321	82.6	1022.2

6.优化种植方式可发挥产量潜力 通过不同种植密度边行与内行产量比较表明,玉米边际效应非常明显,边行比内行增产显著。因此,在种植模式上可适当的增大行距,使每行都有边际效应,从而获得高产(表20-5)。

采用宽、窄行播种,能有效增加通风透光,提高光能的利用效率,便于田间管理。试验结果表明,相同种植密度,采用行距0.6+0.4米(株距26.4厘米)宽窄行种植产量最高,其次

为 0.5 米等行距种植；平均行距为 0.5 米处理比行距 0.6 米处理的产量高，相同行间距采用宽、窄行种植比均行种植产量高。因此，在种植密度不变的情况下，适当缩减行距增加株距，采用宽、窄行方式种植能有效提高产量（表 20-6，图 20-3）。

表 20-5　不同种植密度玉米边际效应比较

	种植密度（株/667 米^2）					平均产量（千克/667 米^2）
	4000	4500	5000	5500	6000	
边行产量	1268.9	1395.6	1486.7	1315.6	1426.7	1378.7
内行产量	983.0	997.8	1075.6	1016.3	1036.3	1021.8

表 20-6　相同密度不同种植方式单种玉米产量及性状

处　理	穗长（厘米）	秃尖长（厘米）	穗行数	行粒数	穗粒数	千粒重（克）	出籽率（%）	产量（千克/667 米^2）
0.5+0.5 米	21.2	0.7	17.7	44.3	784.9	271.3	86.2	970.00
0.6+0.4 米	21.4	0.8	17.5	44.7	780.4	281.7	86.6	997.78
0.6+0.6 米	21.1	1.1	16.4	45.8	751.1	286.6	88.8	905.10
0.8+0.4 米	21.8	0.8	16.8	46.1	775.0	288.3	89.5	962.04
0.9+0.3 米	21.7	0.8	16.8	46.2	776.2	297.7	89.8	964.82

图 20-3　玉米宽窄行种植方式

156

采用宽、窄行种植，能增加通风透光、减少病害发生，也便于田间作业。

7. 延期收获可提高产量和商品性 通过不同收获期对玉米千粒重及产量影响研究表明，从9月10日蜡熟期开始，每延长一天，单穗粒重平均日增加5.05克，千粒重平均日增加2.8克，9月28日收获较9月10日收获千粒重增加50.4克，产量增加12.4%，表明适当的晚收获可以提高产量（表20-7）。

表20-7 不同收获期对先玉335千粒重及产量影响

收获期（月/日）	单穗籽粒重（克）	千粒重（克）	千粒重日增（克）	亩穗数（穗/667米²）	理论产量（千克/667米²）	减产（%）
9/10	194.41	356.1	—	6000	1240.9	−12.4
9/16	226.23	374.4	3.05	6000	1304.7	−7.9
9/22	228.34	387.4	2.17	6000	1350.0	−4.7
9/28	285.31	406.5	3.18	6000	1416.6	—

（三）技术要点

1. 播前准备

（1）整地 秋季前茬收获后及早平田整地，秋季尽早耕地，深度不低于20厘米。

（2）秋施肥 上年秋季结合耕地每667米²施入腐熟农家肥1吨以上，磷肥折合五氧化二磷5千克。农家肥和磷肥尽可能深施在地表20厘米以下。

（3）冬灌 冬灌水要灌足、灌透。

（4）耙耱保墒 春季于3月上旬耙耱保墒。耙地3～5厘米，不宜过深。

2. 品 种

（1）品种选择　选择株型紧凑、穗位适中、抗逆性强、耐密性好、穗部性状好的中高秆、中大穗、增产潜力大的品种，如郑单 958、先玉 335 等。

（2）种子质量　籽粒饱满均匀，质量达到国家大田用种标准的包衣种子。

3. 播 种

（1）播期　土壤表层 5 ~ 10 厘米地温稳定在 12℃ 以上时播种。适宜播期为 4 月 15 ~ 25 日。

（2）播深　播深 4 ~ 6 厘米，将种子播到湿土上。沙壤土可以适当深播，灌淤土可以适当浅播，墒情较差的土壤可采取深播种浅覆土，确保种子紧贴湿土。

（3）播种量　每 667 米² 播种量 2.5 ~ 3 千克，具体可根据品种、种植密度、籽粒大小等因素决定。

（4）种肥　播种时每 667 米² 施磷酸二铵 5 千克、尿素 5 千克作种肥，机械播种可采取种、肥分层或肥料侧播。人工穴播可于播种前 7 天左右先期将肥料播入土壤。严禁将尿素与种子混合播种。

（5）提高播种质量　采用精量机械点播，播后要及时镇压提墒，确保一次全苗。人工播种要落籽均匀、深浅一致，播种后要将种子踩实，然后覆土。

4. 种植方式
采用宽、窄行种植，要求窄行 30 ~ 40 厘米、宽行 70 ~ 80 厘米，株距 22 ~ 30 厘米。宽、窄行可根据机械作业和田间管理要求适当调整。

5. 种植密度
种植密度为每 667 米² 5 500 ~ 6 000 株，种植密度一定要视品种的耐密性确定。

6. 田间管理

（1）间苗、定苗　3 ~ 4 叶期间苗，5 ~ 6 叶期定苗，遇到缺穴邻穴留双株，保留长势整齐一致苗。

（2）中耕除草 苗期中耕除草 2 ~ 3 次，间、定苗时浅中耕，定苗后深中耕。大面积生产可采用化学除草和机械中耕。化学除草用玉米专用除草剂。播种后用乙阿合剂、乙草胺等药剂对水进行封闭式喷雾；或在玉米 3 ~ 5 叶期选用玉农乐悬浮剂（烟嘧磺隆）、莠去津等药剂进行茎叶喷施。

（3）去蘖（打权） 有些品种苗期易出现分蘖现象，应在拔节期之前及时彻底去除（打权）。

7. 施 肥

（1）施肥原则 坚持测土配方施肥、适期施肥、高效施肥，做到磷肥深施、前氮后移、适当补钾，沙壤土分次追肥的原则。

（2）施肥总量 引黄灌区玉米超高产栽培全生育期每 667 米^2 总需施纯氮量 25 千克，五氧化二磷 12 ~ 15 千克，氧化钾 5 千克。

（3）追肥时期、方式和数量 拔节期至大喇叭口期（穗肥）：6 月 10 日前后，结合中耕深松每 667 米^2 追施尿素 10 ~ 15 千克，磷酸二铵 10 千克，硫酸钾 15 千克，尽可能将肥料深施在地表 20 厘米以下。抽雄、吐丝期（粒肥）：7 月中旬，每 667 米^2 追施尿素 10 千克。灌浆中期（攻粒肥）：8 月上中旬，随灌水每 667 米^2 补施碳酸氢铵 30 千克。

8. 灌水
玉米苗期严防淹水，适当的干旱有利于根系发育。于玉米小喇叭口期至大喇叭口期结合穗肥灌头水，玉米扬花吐丝前（7 月上中旬）结合追肥灌二水，8 月上中旬结合追肥灌三水，8 月底至 9 月上中旬结合追肥灌四水。灌水要根据降雨和田间湿度等具体情况综合考虑。

9. 主要病虫害防治
宁夏引／扬黄灌区主要玉米病虫害及其防治方法如表 20-8 所示。

表 20-8　宁夏引扬黄灌区玉米主要病虫害防治方法表

病虫害名称	发病时期	危害症状	防治方法
地老虎	出苗后至拔节前（4～7叶期）	缺苗断垄	精耕细作，深耕翻地，中耕除草；早春清除田间及周围杂草；用辛硫磷拌撒毒土；用48%乐斯本乳油+48%毒死蜱2 000倍液，或20%氯虫苯甲酰胺悬浮剂4 000倍液，或康宽＋瑞宁在幼苗基部间隔5天喷药2次；清晨或傍晚人工捕捉；危害严重的田块可灌水淹
红蜘蛛	灌浆初中期（7～8月份）	叶片枯死	在叶片背面喷洒1.8%阿维菌素乳油4 000～5 000倍液，或15%哒螨酮1 000倍液，或1.8%虫螨克星30毫升等，严重的隔7～10天防一次，并间隔换药
玉米螟	大喇叭口期开始（6月中旬后）	雌、雄穗及茎叶	清除田间病残体，轮作倒茬。大喇叭口期每667米^{2}用1.5%辛硫磷颗粒剂1～2千克，或用0.3%辛硫磷颗粒剂10千克左右施入喇叭口内。抽雄前后，用20%氰戊菊酯乳油4 000倍液，或10%乳油3 000～5 000倍液喷雾（可兼治玉米蚜、叶螨、黏虫等）
大斑病小斑病	抽雄期开始（7月中下旬）	叶片病斑、失绿、枯死	选用抗耐病品种，轮作倒茬，清除田间病残体，采用宽、窄行种植，早期摘除下部病叶。在抽雄前用70%代森锰锌可湿性粉剂600倍，或30%敌瘟磷乳油500～800倍液，或50%多菌灵可湿性粉剂600倍液，或25%三唑酮可湿性粉剂1 000倍液。间隔7～10天一次，连防2～3次

续表 20—8

病虫害名称	发病时期	危害症状	防治方法
瘤黑粉病	主要在拔节期后（6月中旬后）	雄、雄穗及全株形成黑色肿瘤	选用抗病品种，使用腐熟农家肥，早期摘除病瘤深埋。播前用50%福美双可湿性粉剂，或50%克菌丹可湿性粉剂，或12.5%烯唑醇可湿性粉剂按种子重量的0.2%拌种。及时灌水，确保田间合理湿度
霜霉病	全生育期发生	雌、雄穗增生畸形	加强田间栽培管理，苗期严格控制浇水量，防止大水漫灌，及时排除田间积水，降低土壤湿度。避免田间积水或低洼潮湿。注意轮作倒茬

10.**适期收获** 9月底至10月初收获。适期收获指标为苞叶变枯松、籽粒乳线消失、胚部变硬。

（四）适宜区域与注意事项

本技术模式适用于宁夏引黄灌区、扬黄灌区及周边同类型地区。

二十一、玉米滴灌种植技术

滴灌是当今世界上最先进的灌溉技术，它根据作物生长发育的需要，将水通过滴灌系统一滴一滴地向有限的土壤空间供给。该项技术于 20 世纪 70 年代引入我国，之后迅速发展起来。膜下滴灌则是滴灌技术和覆膜栽培技术相结合的产物。研究表明，膜下滴灌与常规灌溉相比，改变了田间水分环境，可以减少地面蒸发，减少灌溉水的深层渗漏，提高水分利用率，增加作物产量，具有良好的经济、生态和社会效益。在我国西北和东北西部地区，由于降水量少，蒸发量大，春旱现象严重，水分亏缺已成为当地玉米生产和产量的最大限制因子。因此，具有明显节水效果的滴灌技术率先在我国的西北干旱区和东北风沙区迅速发展起来。

由于滴灌技术节水、省肥、省工、抗盐碱效果明显，增产、增收幅度较大，近年来发展很快。自 2007 年以来，滴灌技术在玉米上的推广应用速度也非常快。据不完全统计，2010 年在全国干旱内陆灌区的大田作物膜下滴灌技术应用面积已超过 1 200 多万亩。

（一）增产增效情况

采用滴灌技术种植玉米后，由于输水均由埋设的管道进行，无需在田间进行人工打毛渠、修中心渠和收获前的平毛渠等工作，同时追肥、施药也通过随水滴施方式进行，免除了机械追肥和喷药等机械作业，有利于收获和提高产品质量。采用滴水冲肥和以水代耕，减少田间作业，减轻浇水劳动强度，节省劳力，病虫害的发生几率也有所降低。研究表明，滴灌玉米出苗率较常规灌玉米提高 15%～27%。由于滴灌玉米无须在田间修毛渠、打埂子，提高了土地利用率，使保苗株数提高 15% 左右。

在新疆石河子对利用常规灌溉和滴灌种植青贮玉米的研究表明，常规灌溉玉米需水 350 米^3/667 米^2，滴灌玉米用水为 250 米^3/667 米^2，节约水量 100 米^3/667 米^2；另外，由于玉米膜下滴灌技术可以不进行秋冬储水灌溉，在播种后滴灌 30 方/667 米^2 的出苗水就能满足出苗和苗期的需水量，节约秋冬灌用水 100 方/667 米^2。因此，可平均节约用水达 200 米^3/667 米^2。常规灌溉浇水 1 次需要人工费 2 元/667 米^2，采用滴灌后，省去浇水费用、中耕费用和修、平毛渠费用计 107 元/667 米^2。由于滴灌灌水均匀，有效提高了水肥的利用率，收获时由于地中没有毛渠，可适当降低留茬高度，增产效果明显。滴灌青贮玉米比常规灌玉米提高产量 2～4 吨/667 米^2，增收 360 元/667 米^2 以上，扣除滴灌器材折旧费用 114 元/667 米^2，实际增收 353 元/667 米^2。滴灌用于玉米制种也获得了较好的产量和效益。

在黑龙江、吉林西部干旱区玉米上的研究表明，膜下滴灌技术比常规灌溉玉米省水 50% 左右，可提高土地利用率 5% 左右，提高肥料利用率 30% 左右，节省机力费 20% 左右，通过膜下滴灌，玉米 667 米^2 产量可达到 800～900 千克，增产 300～500 千克，增收 300～500 元。在渭北旱塬，经对在玉米拔节期一次灌溉中滴灌与传统灌溉方式对比研究表明，在等量灌溉条件下，玉米滴灌比传统灌溉（畦灌和沟灌）产量高 18.2%～31.2%。进一步分析发现，滴灌玉米对水分亏缺反应不如常规灌溉玉米敏感，即在相同的水分亏缺情况下，畦灌的减产幅度大于滴灌，可见滴灌不仅节水，而且在低灌量下生产更安全。

但也有滴灌不增产的报道。据新疆农四师 62 团在制种玉米上的研究表明，几种灌溉方式中以开沟沟灌的玉米产量最高（表 21-1 和表 21-2）。

玉米采用滴灌技术是否能够增产，除了与灌溉量和灌溉时间有关外，还和其他许多因素有关。但可以肯定一点的是，滴灌降低了劳动强度，提高了土地生产率和劳动生产率，更适合于集约化农业。

表21-1　不同灌溉方式用于玉米制种的产量及效益比较

制种玉米灌溉类型	常规灌溉	滴　灌
灌溉定额（米^3/667米^2）	560	455
产量（千克/667米^2）	270	350
节约水量（米^3/667米^2）		105
节约水费（元/667米^2）		12.6
提高肥料利用率（%）		25～30
增产（千克/667米^2）		80
增产增效（元/667米^2）		280
节省劳动力（%）		25～35
节省机力费（%）		25～30
减少病虫害防治成本（元/667米^2）		15～20
节约土地（%）		2～4

表21-2　不同灌溉方式郑单958的产量表现（2008年）

	经济产量（千克/667米^2）	生物产量（千克/667米^2）	经济系数	千粒重（克）
膜下滴灌	697.5	1362.0	0.51	374
开沟滴灌	662.1	1324.1	0.5	355
开沟沟灌（ck）	744.2	1429.6	0.52	399

(二) 增产增效原理

滴灌种植玉米包括膜下滴灌和裸地滴灌两种类型，膜下滴灌最常用的行距配置方式是宽窄行种植，其增产机理如下。

1．改善通风透光　常用的宽窄行配置有 40+80 厘米或 50+80 厘米等类型，这种宽窄行相间种植方式，自然形成宽行的通风带（图 21-1）。据研究宽行垄间风速提高 53%，光照增加 560 勒克斯；株间风速提高 39%，光照增加 380 勒克斯。这样有利于玉米的光合作用，充分发挥边际效应，提高玉米的产量和质量。

2．增加密度　由于通风透光良好，玉米根系发达，茎秆粗壮，抗倒伏能力增强，这为适当增加玉米栽培密度奠定了基础。滴灌较常规灌增加 500 ～ 1 000 株 /667 米^2，靠群体增产。

3．蓄热保温　由于地膜覆盖，减少了热量散失，加之透光良好，地表和 20 厘米地温比常规栽培平均高 2.0℃和 0.9℃。生长期内增加有效积温 200℃，相当于延长生育期 7 ～ 10 天。

4．节水保墒　由于地膜覆盖，白天蒸发的水蒸气在夜间温度降低时，在薄膜内表面液化成小水珠在重力作用下又重新降落地面，从而可以实现水分循环利用。据测定，玉米采用膜下滴灌，比漫灌节水 70%，比喷灌节水 50%，0 ～ 20 厘米土壤含水量比小垄单行栽培平均提高 2.3%。

5．肥料利用率高　玉米实行膜下滴灌，可以不受天气影响，根据玉米需水规律随时补水，这样肥效可以得到充分发挥，彻底解决了以往玉米喇叭口期遇干旱不能正常追肥的问题。据试验，这种栽培方式比常规种植肥料利用率提高 20%。另外，这种栽培方式从整地、施肥、播种、铺管、覆膜、收获、根茬还田，可以实现全程机械化，大大减轻了农民的劳动强度，提高劳动生产率，深受农民欢迎。

6.匀水匀肥匀苗,提高群体整齐度 滴灌消除了农田不平整对灌溉均匀性的影响,使灌水量在田间分布更为均匀,实现了高不旱、低不淹,结果使出苗率较常规灌溉高 15%～27%。在整个生长期,由于灌水均匀,随水施肥供肥也非常均匀,保证了玉米生长的均匀一致,叶片颜色一致,高矮一致,苗齐苗壮,群体整齐度高,为玉米高产奠定了基础(图 21-1)。

图 21-1　膜下滴灌玉米出苗期、拔节期群体

7.增加保苗数,提高了土地利用率 由于滴灌后无须在田间修毛渠,打埂子,加上减少了机械追肥与喷药的次数,消除了上述作业对保苗成苗的不利影响,另外,滴灌有压盐、抑盐作用,使田间保苗数提高 10%～15%,特别是对于平整性差和盐碱重的农田,保苗数增加的效果更加明显。由此提高了土地利用率,使之成为玉米增产的原因之一。

(三) 技术要点

1.西北内陆区玉米滴灌种植技术要点

(1)茬口选择及土壤准备　选择棉花、大豆、小麦或绿肥等茬口,要求土壤土层深厚、肥力中等偏上、质地为壤土的田块。冬季秋翻前施有机肥 2 吨 /667 米 ^{2}、三料磷肥 10 千克 /667 米 ^{2}。

抓住有利时机，进行深耕整地，深耕 25 ～ 30 厘米。春播前结合耙地用乙草胺 100 ～ 120 克 /667 米² 进行土壤封闭处理，防除杂草（图 21-2）。

图 21-2　玉米播种前喷洒除草剂及精细整地

（2）品种选择与种子处理　根据所在区域的积温状况，选择适合的高产、耐密品种。大田用种，纯度不低于 98%，发芽率 90% 以上，净度 99% 以上，水分 13% 以下。播前进行种子筛选，保证种子均匀一致，大小种子分开播种。播前进行晒种和包衣处理，晒种 2 ～ 3 天后，用 0.4% 的卫福种衣剂和适量锌肥对种子进行包衣，可预防春季低温和玉米白化苗，提高出苗的整齐度。

（3）适时播种　以 5 ～ 10 厘米地温稳定在 10℃～12℃ 时即可开始播种，一般新疆伊犁地区在 4 月上旬，奎屯、昌吉和塔城地区在 4 月中旬，最迟以 4 月底播完为宜。膜下滴灌栽培，比常规露地正常播期提前 7 ～ 10 天播种。播种量 2.5 ～ 3.0 千克 /667 米²，播深 4 ～ 6 厘米。可选用宽 1.45 米的膜，1 膜 4 行，40+80 厘米宽窄行配置，株距 16～18 厘米。春播保苗密度 5 500～6 000 株 /667 米² 为宜。播后覆土严密，镇压良好，防风揭膜，措施要到位。滴灌毛管铺设在地膜下的 5 厘米土层之下，播种、铺管、覆膜一次性完成。播种时施尿素 5 ～ 8 千克 /667

米^{2}或磷酸二铵 10 千克/667 米^{2}作种肥，但必须与种子分开，施肥深度 10 ~ 15 厘米（图 21-3）。

图 21-3　播种前施用种肥

（4）注重苗期管理

①查苗、补苗　播种后 1 周内及时检查是否有漏播和断条情况，看是否有土壤板结，发现漏播、断垄，及时补种。发现板结的土壤及时破除，保证全苗（图 21-4）。

图 21-4　及时查种补种确保全苗

②适时早定苗 4～5叶期定苗,去病苗、弱苗,留壮苗,同时除去杂草。

③及早中耕与开沟培土 玉米显行即可进行第一次中耕,深度13～15厘米,定苗后进行第二次中耕,深度16～18厘米;第三次在小喇叭口期,中耕深度20～22厘米;在拔节期结合追肥进行开沟培土,促进根系发育,防止倒伏(图21-5)。

图21-5 开沟培土后的玉米

(5)加强水分管理 对于墒情不好的土壤,在播种后及早适量给出苗水,滴水18～20米^3/667米^2,以促进苗全。出苗后抓好"蹲苗",以利于根系下扎抗倒。当清晨玉米不伸展、叶尖无水珠时,即可进行第一次滴水(新疆春玉米区一般在小喇叭口期,展开叶11片),其后各次的滴水间隔7～10天,全生育期灌溉总额300米^3/667米^{2}左右,共需滴水7～9次,具体还应视土壤、天气变化和玉米生长状况适当调整。特别是在抽雄、开花、灌浆时期对水分很敏感,缺水对产量影响较大,需保持较高的土壤水分含量。

(6)合理施肥 对于中晚熟高产品种,必须保证足够的养分供应。基肥的作用是培肥地力,改善土壤物理性状,疏松土壤,有利于微生物活动,及时供应苗期养分,促进根系发育,为培育壮苗创造良好的环境条件。播前犁地时施入腐熟农家肥 2 吨 /667 米 ^{2}、磷肥 10 千克 /667 米 ^{2}。在玉米生长期间，如有条件的地区可根据不同土壤、不同肥料类型、产量目标，采取测土配方施肥。中等肥力的土壤施肥一般施滴灌专用肥或其他水溶性较好的化肥 25 ～ 30 千克 /667 米 ^{2}，主要以氮肥为主，根据玉米各阶段生长发育需要，分 5 次左右随水滴入。

（7）病虫害防治　拔节后在大喇叭口期用 Bt 农药拌沙灌心防治玉米螟。膜下滴灌玉米田间小气候较为干燥，应加强叶螨的综合防治，及早查找，对点片发生处喷施丙炔螨特、苯丁锡、噻螨酮、四螨嗪、唑螨酯、哒螨酮等药剂，并做好标记，间隔 4 ～ 5 天后再进行一次喷施。

（8）适时收获　当玉米果穗胚部下方尖冠处出现黑色层、苞叶开口时即可收获。在气候条件较好的情况下，可适当晚收，利用光照条件充分后熟以获高产。及时收回支管、辅管及管件，清收残膜、滴灌带。

2. 东北玉米膜下滴灌种植技术模式要点　吉林省农业科学院在吉林省西部半干旱区多年研究，提出了玉米膜下滴灌技术要点如下。

（1）选地选茬与精细整地、整平细耙　膜下滴灌玉米植株繁茂，根系发达，因此在选地上应选耕层深厚、土壤疏松、肥力较高、保水保肥、排水良好且靠近水源的地块；为提高覆膜质量，在选茬上要选择不易起坷垃，又容易灭茬的"软茬"、"肥茬"，如瓜菜茬、大豆茬、马铃薯茬，切忌选择施用过豆磺隆等残效期长且对玉米生长发育有影响的除草剂茬口，如果选择玉米茬，必须实行三年轮作。

整地的质量是关键，直接影响到播种质量、覆膜质量和玉米生长发育。实行秋翻、秋耙、秋施肥、秋起垄、秋镇压。做到耕翻和深松有机结合，打破犁底层，加深耕作层，利于玉米根系发育。对于根茬还田地块，要做好根茬粉碎还田，起垄前要搂净残茬、秸秆，提高整地质量。结合整地，施好底肥，实行测土配方施肥，玉米每 667 米^{2}产量 800 千克的地块，底肥配方是农家肥 2 米^3，磷酸二铵 15 千克，尿素 7.5 千克，硫酸钾 7.5 千克，施肥深度 13 ~ 15 厘米。必要时人工拣净搂除根茬残体。秋整地应深松整地，做到上实下虚，无坷垃、土块，结合整地施足底肥，及时镇压，达到待播状态，为高质量覆膜创造一个良好的土壤环境。

（2）选择适合品种，进行种子处理与适时播种　当耕层 5 ~ 10 厘米地温稳定在 7℃以上时，即可播种。将四轮车上豁沟用的铧子间距调整为 50 厘米，以每两垄为一个组合，采用垄上机械豁沟，沟的深度 8 ~ 10 厘米，坐水精量点播，株距 25 厘米，覆土 4 厘米，每 667 米^{2}保苗 4 000 株。要求深浅一致，覆土均匀。

（3）封闭除草　播种后每 667 米^{2}用 90% 乙草胺 50 毫升加 72% 2，4- 滴丁酯 20 毫升，对水 30 升喷雾。

（4）膜下滴灌管道的铺设　根据水源位置和地块形状的不同，膜下滴灌主管道铺设方法主要有独立式和复合式两种。

①独立式主管道铺设　独立式主管道的铺设主要用于狭长地块，其主管只有一条并深埋在地下，其余支管毛管均分布在地面上。此种铺设方法具有省工、省料、操作简便等优点，缺点是不适合大面积作业。采用独立式主管道铺设主要是以中小型移动滴灌设备为主。有效灌溉面积一般为 300 ~ 400 亩，平均一次性投入成本 450 元 /667 米^{2}左右。

②复合式主管道铺设　采用复合式主管道的铺设可进行大面积膜下滴灌作业，有效弥补了独立式主管道铺设存在的缺点。此种方法具有滴灌速度快、水压损失小、滴灌均匀等特点。适合于水源与地块较近，田间有可供配备使用动力电源的固定场所。一台机具一般可控制 200 公顷左右的条田。这种铺设方法适用于各种条田和不规则地块，适用范围较广。一次性投入每

667 米 ^{2} 成本 500 ～ 600 元。

（5）平衡施肥，增施有机肥　与常规种植相比，由于膜下滴灌是高投入、高产出栽培模式，一般选择的品种都是喜肥、喜水的高产品种，在膜下滴灌水分有保证的前提下，要求相应增加施肥量。一般每 667 米 ^{2} 投入优质农家肥 1 000 ～ 2 000 千克、磷酸二铵 15 ～ 20 千克、硫酸钾 5 ～ 10 千克作底肥施入，或者用复合肥 30 ～ 40 千克作底肥使用。在玉米需肥关键期，采取液体追肥，通过滴灌系统，随水施入，在施足底肥的基础上，一般每 667 米 ^{2} 施尿素 20 ～ 25 千克。

（6）起大垄，垄上种双行　玉米地覆膜栽培采取大垄宽窄行栽培模式，可增加田间通风透光，充分发挥边际效应，一般窄行为 40 ～ 50 厘米，宽行 80 ～ 90 厘米。可选用耐密品种，每 667 米 ^{2} 比常规栽培增加 500 ～ 800 株。

（7）品种选择　选择耐密紧凑型、生育期比露地品种长 7 ～ 10 天、有效积温比露地品种多 150℃ ～ 200℃ 的品种。

（8）种子处理　选用已包衣的玉米种子，可不催芽，直接播种。选用没包衣的种子，可催小芽人工包衣，或直接包衣，选择复合型种衣剂，按药种比例拌种，主要防治地下害虫、玉米丝黑穗病和瘤黑粉病等病虫害。

（9）足墒播种　玉米膜下滴灌种植时采用先播种后覆膜的方式播种。出苗后及时人工放苗，并用土压严苗根部。覆膜可以提高地温，因此可提前 5 天播种，一般在 4 月下旬播种。采用垄上机械开沟滤大水精量点播，小行距 40 ～ 50 厘米，播种应深浅一致，覆土均匀，播深 3 厘米。根据品种特征特性决定种植密度，一般每 667 米 ^{2} 保苗 4 500 ～ 5 000 株，株距 18 厘米左右。

（10）化学除草　采用播后苗前封闭除草，除草剂用量较直播田减少 1/2，方法与常规玉米除草方法相同。

（11）铺设滴灌管和覆膜　在大垄 2 小行玉米之间铺滴灌管

带，随铺滴灌管带随覆膜。选用宽为130厘米的地膜，覆膜可以采用人工覆膜，也可采用机械覆膜，覆膜要求严、实、紧。

（12）及时放风、引苗、定苗 播种后及时检查出苗情况，发生缺苗后及时补种或补栽。玉米出苗后应及时放苗，放出颜色正常、大小一致、没病虫害的苗，并及时定苗，留健苗、壮苗，防止捂苗、烧苗、烤苗。放苗后用湿土压严培好放苗口，并及时压严地膜两侧，防止被风刮起。

（13）加强田间管理 玉米覆膜栽培要经常检查地膜是否严实，发现有破损或压土不实的，要及时用土压严，防止被风吹开，做到保墒保温，并及时除去垄沟中的杂草，按照玉米需水规律及时滴灌。

（14）清除地膜 采取人工清膜，也可以采用机械清膜。

（四）适宜区域与注意事项

本技术模式适合西北内陆玉米区和东北西部风沙区推广应用，也可供北方其他干旱半干旱地区参考。

二十二、玉米并垄宽窄行膜下滴灌栽培技术

大庆市地处黑龙江省西部半干旱地区，地势平坦，干旱是制约玉米生产的主要限制因素，在干旱严重年份个别乡镇的玉米每667米^{2}产量只有150～200千克。为解决干旱对玉米生产的影响，近年引进膜下滴灌技术，形成了玉米并垄宽窄行膜下滴灌栽培模式（图22-1），较好地解决了干旱问题，实现了玉米增产增收。

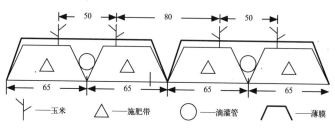

图 22-1　玉米并垄宽窄行膜下滴灌栽培示意图（单位：厘米）

（一）增产增效情况

在干旱地区，应用膜下滴灌技术可以显著减少水分的裸地蒸发，解决水资源相对不足的矛盾，满足玉米生长对水分的需求，提高水分利用效率。相对于喷灌技术，玉米膜下滴灌可节水50%～80%，按每立方米水1.8元计算，每667米^{2}平均可节省水费360元。

2008年和2010年肇州县进行并垄宽窄行膜下滴灌栽培技术示范。干旱程度较重的2008年示范结果表明，覆膜滴灌每

667 米^{2}产 901.7 千克、覆膜不滴灌每 667 米^{2}产 688.2 千克、不覆膜不滴灌 667 米^{2}产 591.7 千克，覆膜滴灌比不覆膜不滴灌每 667 米^{2}增产 310.0 千克，每千克玉米 1.08 元，每 667 米^{2}增收 334.80 元。干旱程度较轻的 2010 年，覆膜滴灌每 667 米^{2}产量为 867.4 千克、覆膜不滴灌每 667 米^{2}产量为 820.2 千克、不覆膜不滴灌每 667 米^{2}产量为 753.5 千克，覆膜滴灌比不覆膜不滴灌每 667 米^{2}增产 113.9 千克，每千克玉米 1.5 元，每 667 米^{2}增收 170.85 元。

（二）增产增收机理

1. **通风透光** 玉米并垄宽窄行膜下滴灌栽培模式宽窄相间，形成 80～85 厘米宽的通风带，和小垄单行栽培方式相比，垄间风速提高 53%，增加光照 560 勒克斯；株间风速提高 39%，光照增加 380 勒克斯。有利于发挥边际效应，提高玉米产量和质量。

2. **增加密度** 由于通风透光良好，玉米根系发达，茎秆粗壮，增强了抗倒伏能力，为适当增加玉米种植密度奠定了基础。每 667 米^{2}较小垄单行栽培增加 500～1 000 株。

3. **蓄热保温** 由于地膜覆盖，减少了热量散失，加之透光良好，地表和 20 厘米的地温比常规栽培平均高 2.0℃和 0.9℃，玉米生长期内增加有效积温 200℃，延长生育期 7～10 天。

4. **节水保墒** 由于地膜覆盖，白天蒸发的水蒸气在夜晚温度降低时，薄膜内表面液化成小水珠在重力作用下又重新降落地面，从而可以实现水分循环利用。据测定，在大庆地区玉米采用膜下滴灌，比漫灌节水 70%，平均每 667 米^{2}节水 30 米^3，比喷灌节水 50%，平均每 667 米^{2}节水 10 米^3，0～20 厘米土壤含水量比小垄单行栽培平均提高 2.3%。

5. **肥料利用率高** 实行膜下滴灌可以根据玉米需水规律随

175

时补水，这样肥效可以得到充分发挥，彻底解决了以往玉米喇叭口期遇干旱不能正常追肥的问题，比小垄单行种植肥料利用率提高 20%。

另外，在目前生产条件下，这种栽培方式适合小四轮拖拉机及配套农机具作业条件，可以从整地、施肥、播种、铺管、覆膜、收获、根茬还田等方面实现全程机械化，大大减轻了农民的劳动强度，提高劳动生产率，深受农民欢迎。

（三）技术要点

1. **品种选择** 根据各地生态条件，选用通过国家或黑龙江省审定推广的具有每 667 米^2 产量在 900 ~ 1 000 千克以上潜力的高产、优质、适应性强的优良品种。可以是比当地主栽直播品种所需积温多 200℃ ~ 250℃，或叶片数多 1 ~ 2 片的品种。

2. **选茬整地** 选择耕层深厚，地势平坦，肥力较高，保水保肥，排灌良好，前茬未使用长残性除草剂的大豆、小麦、马铃薯茬或肥沃的玉米茬。不宜选谷糜茬、甜菜茬、向日葵茬。实行以深松为基础，松、翻、耙、旋相结合的土壤耕作制度，注意保墒提墒，创造良好的耕层结构。在宜耕期及时整地，结合施肥整成 130 厘米的平台大垄（图 22-2）。

图 22-2　膜下滴灌田间整地作业

3. **平衡施肥**　根据土壤养分状况、土壤供肥能力、气候栽培条件及目标产量等因素进行测土配方施肥，做到氮、磷、钾及中微量元素的合理搭配。一般农家肥的施用量为：每 667 米^{2}施用含有机质 8% 以上的农家肥 2～3 米^{3}作底肥。一般化肥的施用量为：尿素每 667 米^2 25～35 千克，其中 25% 作底肥，75% 作追肥；磷酸二铵每 667 米^2 25～35 千克作底肥；硫酸钾每 667 米^2 5～15 千克作底肥；三元素每 667 米^2 2～3 千克作水肥；硫酸锌每 667 米^2 0.5～2 千克作水肥。作底肥的结合整地施入，作水肥的结合抗旱坐水施入，作追肥的结合灌溉或中耕及时施入（图 22-3）。

图 22-3　膜下滴灌玉米施用农家肥

4. **种子处理**　所选种子纯度不低于 98%，净度不低于 99%，发芽率不低于 90%，含水量不高于 15%。播前 15 天进行 1 次发芽试验，以便确定播种量。经过精选的种子，在播种前 5～7 天晒种 2～3 天。为防治玉米苗期地下害虫和玉米丝黑穗病等病虫害，用虫黑消或吉农肆号等种衣剂进行种子包衣，药种比 1：50，包衣后阴干半小时后播种。

5. **合理密植**　采取 130 厘米大垄膜下滴灌栽培模式，覆膜后5~10厘米地温稳定通过7℃~8℃,出苗或放苗后能躲过-3℃的冻害，及时抢墒、补墒播种。一般较直播提前3~5天，时间在4月15~25日播种。垄上小行距45~50厘米，垄间大行距80~85厘米。播种做到深浅一致，覆土均匀，播深3厘米。紧凑型品种每667米²保苗4500~5500株；半紧凑型和平展型品种每667米²保苗3750~4500株（图22-4）。

图22-4　膜下滴灌栽培玉米播种

　　6．覆膜与播种　先播种后覆膜的在播种镇压后，易发生草荒地块每667米²用90%乙草胺50毫升加2,4-滴丁酯20毫升处理土壤，防除膜下杂草，随后进行铺设滴灌毛管和覆膜作业；地板干净或计划套种套栽的地块不进行化学除草。先覆膜后播种的可以及早整地施肥、进行土壤封闭除草、覆膜，然后用玉米扎眼播种器进行垄上人工扎眼精量点播（图22-5）。

　　（1）补种补栽　播后及时下田检查发芽情况，如发现粉种、烂芽，要适时催芽、坐水补种。出苗后如缺苗，要利用预备苗或从田间一墩多苗处取苗，及时坐水补栽。

　　（2）及时放苗　先播种后覆膜的地块，播种后随时检查地膜覆盖情况，保证地膜覆盖良好；还要及时检查出苗情况，玉米两叶一心时及时放苗，并且用土及时培好放苗孔。先覆膜后播种的地块，播种后也要随时检查地膜覆盖情况，保证地膜覆盖良好；并且用土及时培好放苗孔。

（3）及时除蘖　及时掰除分蘖，避免损伤主茎和根系（图22-6）。

图22-5　膜下滴灌覆膜

图22-6　膜下滴灌玉米放苗

7. 套种套栽　为了提高膜下滴灌的经济效益，未使用除草剂的地块可以进行套栽早甘蓝、早白菜，套种豆角、叶菜等作物。

但是要注意增施底肥并及时追肥。

8. 灌溉追肥 遇旱必须及时灌水，保证玉米对水分的需求，特别是从大喇叭口期到开花期注意灌水。视玉米生长情况及时确定追肥品种和数量，结合灌水随水追肥或结合中耕追肥（图 22—7）。

图 22—7　膜下滴灌玉米追肥

9. 病虫鼠害防治

（1）黏虫　6 月中下旬，黏虫幼虫三龄前，平均每百株玉米有黏虫 50 头时，要进行防治。用菊酯类农药灭虫，每 667 米^2 用量 20 ～ 30 毫升，对水 20 ～ 30 升喷雾防治；也可用 80% 敌敌畏乳油 1000 倍液喷雾防治（图 22—8）。

图 22—8　黏虫防治

（2）玉米螟　一是在玉米螟产卵前用高压汞灯诱杀成虫；二是在玉米螟卵始期、初盛期用赤眼蜂防治，每 667 米² 释放赤眼蜂 2.5 万～3.0 万头，分两次释放；三是在玉米心叶末期每 667 米² 用 Bt 可湿性粉剂 200 克，对水 25 升喷雾防治（图 22-9）。

图 22-9　赤眼蜂防治玉米螟虫

（3）大、小斑病　用 60% 代森锌可湿性粉剂 1000 倍液防治。

（4）红蜘蛛或蚜虫　用专性杀螨剂或吡虫啉类药剂进行防治。

（5）鼠害　对于鼠密度 >5% 的地方，选用 0.005% 的溴敌隆毒饵，或用 0.02% 的敌鼠钠盐毒饵等杀鼠剂，于春播后灭鼠。投放方法：在鼠洞口约 10 厘米的上风头踩出投饵平地，每洞投饵 5～10 克，3～5 日后处理死鼠和毒饵。

10. 促熟收获　玉米蜡熟后期玉米籽粒硬盖时，进行站秆扒皮晾晒，降低玉米水分，促进玉米早熟。玉米完熟后再行收获。玉米收获后，及时清除秸秆，拣净地膜，采用旋耕机进行根茬粉碎还田（图 22-10）。

图 22-10　玉米站秆扒皮晾晒

（四）适宜区域与注意事项

　　该技术主要适宜干旱区或半干旱玉米主产区，如黑龙江松嫩平原西部干旱区等。在使用中要根据当地气候特点选用适宜品种。及早安排生产计划，及早落实高质量的地膜、滴灌设备，在播前到位。增加肥料施用，按照测土结果、目标产量、施肥方法及用量及时施肥。及时放苗。

二十三、玉米矮化密植早熟制种技术

随着玉米制种基地的西移，新疆玉米制种面积已扩大到40万～50万亩，但内地种子北繁后亲本生育期延长，植株变高，致使抽雄、脱水难度大，影响授粉，商品性能没有保证，为了生产高产优质玉米种子，新疆兵团农四师、石河子大学等单位通过多年研究和实践，提出了玉米矮化、密植、早熟制种技术体系，通过机械作业，降低了劳动强度，扩大了管理定额，大幅度提高了玉米制种产量和效益，取得了良好效果，有力地促进了玉米种业的发展。

（一）增产增效情况

2005-2008年玉米矮化、密植、早熟制种技术模式在62团7个组合上累计推广13 000亩，较常规栽培增产10%～13%。2009年在新疆兵团62团大面积制种中应用、验证，其中，富农22号制种确定留苗密度6 500株/667米^2，在叶龄指数60%～65%（未展开叶7～8片），用45毫升/667米^{2}玉米健壮素进行化学调控，结果14位农户承包的412.5亩制种田平均单产达到880.4千克/667米^{2}的高产水平。

（二）增产增效原理

该技术模式的技术思路是，通过化学调控降低母本穗位高度20～30厘米，使叶片变短变窄，气生根增加1～2层，生育后期绿叶数增多 1 片左右，母本吐丝提早 2 ～ 3 天，改善授粉条件，增加千粒重，缩小株距，扩大父母本行比达到 1：8，使母本密度达到 6 500 ～ 8 500 株 /667 米 ^{2}；通过覆膜、化学调控、砍父本，提早成熟 10 ～ 15 天；通过精量播种、规范定苗及母本高度的降低，机械收获的应用，减轻管理强度，降低成本。通过加强水肥管理、增加密度，提高单产，实现优质高产高效。

1. 种植密度与化学调控处理对农艺性状的影响　在未化学调控情况下，随着种植密度的增加，穗位高度逐渐增加，增幅 1.4 ～ 15.6 厘米；茎粗逐渐变细，减幅为 0.02 ～ 1.16 厘米；化学调控可明显降低穗位高度，降低 13.4 ～ 37.6 厘米；化学调控处理对茎粗的影响不明显。随着密度增加，空秆率增加，最大达 19.6%，收获穗数减少，造成减产；化学调控可使空秆率降低 0.7% ～ 8.2%。在一定密度范围内，随着密度的增加，空秆率降低越明显。

在未进行化学调控的情况下，随着密度增加，出现穗粒数减少、千粒重降低的趋势，千粒重降低 4 ～ 34 克；密度在 4 500 ～ 6 500 株 /667 米 ^{2} 时，化学调控使千粒重增加 11.1 ～ 20.5 克，密度在 7 500 ～ 10 500 株 /667 米 ^{2} 时，化学调控处理对千粒重的影响不明显。在高密度条件下化学调控，穗粒数反而出现增加的趋势，说明化学调控后上部叶片变短变窄，穗位高度降低，并改善授粉条件，提高了结实率。

应当说明的是，对于不同组合，因母本特性各异，对密度和化学调控的敏感程度也不同，生产上不可采用同一种密度和化学调控剂量模式对所有组合进行操作，应坚持先试验、后示范推广的程序。

2. 化学调控处理对不同密度和产量的影响　通过对不同组合制种母本品种特性及株型研究表明，采用化学调控后制种种植密度较没有化学调控的可增加 2 000 ～ 2 500 株 /667 米 ^{2}。即，采

184

用化学调控后，半紧凑株型母本种植密度为 6 500 ～ 7 500 株 /667
米 ^{2}；紧凑型母本，种植密度为 7 500 ～ 8 500 株 /667 米 ^{2}，试验
小区不同组合增产幅度达到 10% 以上。

3．矮化、密植、早熟制种玉米高产群体的生理指标　单株
叶面积和群体叶面积指数（LAI）随着生育进程的增加而增加，
至吐丝期达到最大，以后缓慢下降。至吐丝期时，群体叶面积
指数在 5.01 ～ 5.15。高产群体叶面积发展动态表现为拔节前
增长较慢，拔节之后加快，至吐丝期达最大，并保持相对平稳，
随后缓慢下降（图 23-1）。

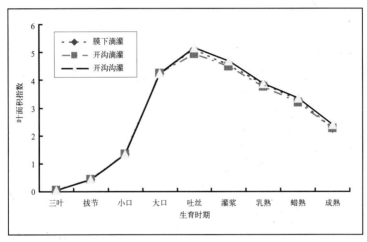

图 23-1　制种玉米高产群体叶面积指数动态变化

群体干物质积累量随生育进程而逐渐增加，以吐丝期为界，
吐丝后干物质积累量主要受群体结构及其性能的影响，且吐丝
后积累量远远大于吐丝前。大口期至成熟期干物质积累量占全
生育期的 80%，这一时期是获得最高生物产量和经济产量的关
键时期。因此，在栽培管理上一定要充分保证大口期至成熟期
群体生长对水肥的需要，并及时防病、除虫，保证群体正常生长，
为获得最高经济产量奠定基础。

矮化、密植、早熟制种玉米高产群体产量构成及生理指标如下。

（1）群体产量构成指标　根据母本品种特性及株型，667米²收获穗数6 500～8 500穗，穗粒数300～450粒，千粒重300～350克，单穗粒重100～120克。

（2）群体生理指标　群体最大叶面积系数（吐丝期）为5～6，成熟期保持在2.5以上；净同化率5.5～6.5克／米²·天；全生育期干物质生产率平均值达到13.3千克／667米²·天以上；经济系数维持在0.5～0.6；适宜粒叶比[粒重（克）／叶面积（米²）]为2.8～3.15。

（三）技术要点

1．适期早播

（1）播种方式　播种机采用新疆天成机械总公司研制的玉米制种精量膜上穴播机，根据机收的要求采用90厘米宽地膜，三膜六行，60厘米等行距膜上精量点播。配备11穴、12穴、13穴三副播种腰带，可满足9 300～11 000穴／667米²的播种要求。

（2）种子包衣　播前10～15天采用专用种衣剂包衣，以防低温烂种，减轻苗期病害，确保提前播种。

（3）提前播种　将传统的4月中下旬播种提早为5厘米地温稳定通过8℃时，即3月底4月初开播。播量3.2～4千克／667米²，播种深度3～4厘米。整地时667米²用50%乙草胺100～120克化学除草。冬前进行冬翻或冬翻冬灌，以确保土壤墒情，实现早播。

2．增加母本密度

（1）留苗密度　根据品种特性，缩小株距，扩大行比，将父母本行比从1：6调整为1：7～1：8，增加密度2 000～2 500株／667米²。即半紧凑型品种母本留苗6 500～7 500株／667米²，紧凑型 7500～8500 株 /667 米 ^{2}。

（2）严格定苗、去杂 3 叶 1 心至 5 叶 1 心时，按设计密度，母本去大小苗，均匀留苗，父本留大小苗，以保证均衡生长，缩短去雄时间。在定苗时，拔节后至抽雄前分两次去掉过旺、过弱和异样苗。

3. 降低母本植株高度 母本较高的品种在浇头水的前一周（雌穗小花分化期，叶龄指数 60～65，未展开叶 7～8 片），根据亲本特性对母本喷施玉米健壮素 20～40 克 /667 米 ^{2}，对水 20～30 升，做到不重喷、不漏喷，若喷施过早对雌穗的发育有一定的抑制，过晚上部冠层结构过紧，不利去雄，生产中不慎喷施浓度过大，可用 50 毫克 / 升赤霉素缓解药害。

4. 早中耕、深中耕、勤中耕 玉米是深根作物，中耕要以早、深、勤为原则，全生育期中耕 4～5 次。显行后头次中耕，深度为 13～15 厘米；定苗后二次中耕，深度为 16～18 厘米；第三次中耕在小喇叭口期，中耕深度为 20～22 厘米，头水、二水前结合追肥进行两次深中耕高培土。

5. 早浇水、勤浇水 制种玉米亲本自交系苗期长势弱，扬花授粉时对温湿度要求严格，灌水应遵循早灌、勤灌的原则，全生育期灌 6～8 水，灌水量 600～800 米 ^{3}/667 米 ^{2}，头水提前至 5 月底，提前 15～20 天，玉米抽雄扬花期前后为需水临界期，抽雄授粉期要勤灌水，保持田间湿度，做到二水后抽雄，三水要紧跟，不能受旱。

如果采取滴灌方式进行玉米制种，灌溉时间及其滴水量如表 23-1 所示。

表 23-1　制种玉米滴灌标程表

生长阶段	灌水时间 （日／月）	灌水定额 （米^3/667 米^2）	湿润深度 （厘米）
出苗期	6/5	20	23
出苗至拔节期	10/6	26	27
出苗至拔节期	20/6	30	32
孕穗期	30/6	35	39
孕穗期	6/7	39	42
孕穗期	13/7	40	43
抽雄抽穗期	20/7	44	47
散粉期	27/7	44	47
花粒期	3/8	45	49
花粒期	10/8	45	49
花粒期	17/8	45	49
成熟期	24/8	42	45

6. **增加物化投放**　随着密度、产量的增加，必须增加肥料的投放。中等肥力土壤，全生育期施肥 85～90 千克 /667 米^2，结合冬翻施全层肥 45～50 千克 /667 米^2（尿素 10 千克、磷酸二铵 20 千克、复合肥 15～20 千克），种肥施磷酸二铵 10 千克 /667 米^2，开沟追施尿素 30 千克 /667 米^2。同时在苗期、拔节期结合防病和化学调控喷施磷酸二氢钾等叶面肥 2～3 次。

7. **花期调节**　在父本严格按 2～3 期播种的前提下，对生育缓慢的亲本应多中耕，叶面追肥，特别是喇叭口期喷 2～3 次磷酸二氢钾＋尿素，用 1：1 混合液稀释 150～200 倍液或赤霉素效果显著。

8. **摸茎带叶去雄**　在母本雄穗打包尚未出穗时，带 1～2 叶与雄穗一起拔掉，去雄要干净彻底，不留残枝，以确保种子质量，减轻劳动强度。

9. **早砍父本**　授粉结束后 10 天内及时砍除父本，以增强通风透光能力，发挥边行优势。

10.**机械收获**　当果穗苞叶干枯发黄，籽粒失水变亮，即可用自走式玉米收割机收割。果穗晾晒至水分 20% 以内，穗选合格后进行脱粒（否则破碎率高），晒至水分 14% 时入库。

（四）适宜区域与注意事项

玉米矮化、密植、早熟制种技术模式适合于西北内陆春玉米区。注意根据品种特性采用不同化学调控剂、种植密度和促早熟措施，应先试验后示范推广。

二十四、青贮玉米生产与贮存利用技术

该技术是以青贮玉米的生产与利用为目标，包括品种选择、播期、适宜密度、施肥方法、收获时期等的青贮玉米栽培技术，以及青贮窖的建造、青贮料的调制、开窖时间和管理措施等贮存利用技术。

玉米是重要的粮、经、饲兼用作物，其中近 70% 用作饲料，食品结构变化将导致玉米需求明显增加。据中国科学院农业政策研究中心预测，2020 年我国玉米需求将达到 2.04 亿吨，而届时生产能力为 1.84 亿吨，每年尚需进口 2100 万吨玉米才能满足畜牧业的增长需求。另一方面，我国草原面积正逐年减少，沙漠化严重，青饲料严重不足，因此饲料玉米短缺已成为我国畜牧业发展的核心问题。

青贮玉米是反刍动物重要的粗饲料来源，也是我国玉米主产区发展畜牧业的重要支撑，大力推广优质青贮玉米生产和加工贮藏技术是保证城乡人民对优质畜产品需求的重要前提。当前青贮玉米的生产普遍采用普通玉米的栽培技术，贮藏加工技术也不到位，严重限制了青贮玉米的发展。因此，推广此项技术可极大促进青贮玉米面积的扩大及畜牧业的发展。

（一）增产增效原理

青贮玉米是指以新鲜茎叶（包括穗）生产青饲料或青贮饲料的玉米品种或类型。根据用途又分为专用、通用和兼用三种类型。青贮专用型指产量高、品质好，只适合作青贮的玉米品种；青贮兼用型是指先收获玉米果穗用作粮食或配合饲料，然后再收获青绿的茎叶用作青贮；青贮通用型是指玉米品种既可作普通玉米品种，在成熟期收获籽粒用作食物或配合饲料，也可作青贮玉米品种，收获包括果穗和茎叶在内的全株，用作青饲料或青贮饲料。青贮玉米之所以是重要的青贮饲料来源主要取决于青贮玉米的特点和饲用价值，在蜡熟期收获的青饲玉米，无论是直接喂饲还是青贮，都是牛、羊等家畜的优质饲料（图24-1）。

图 24-1　青贮玉米饲喂奶牛

1. **主要特点**　与普通玉米相比，青贮饲料玉米的独特之处在于它完全符合饲养业的要求，具有生产容易、来源丰富、绿色体产量高、品质好和消化率高等特点。

（1）**植株繁茂**　青贮玉米的经济产量是全株青饲时期的地上部分产量，即通常所说的绿色体产量。不同类型青饲玉米生长特点不同。分枝型品种表现分枝性强，茎叶繁茂，果穗相对较小而多；单秆型品种植株高大、粗壮、叶片大、果穗大、产量高。

（2）**青枝绿叶**　青饲料玉米的重要特征是全株青绿。特别是粮饲兼用型品种，即使达到籽粒成熟时，植株仍保持青枝绿叶，不黄脚，不早衰，具有典型的活秆成熟特征。

（3）**茎叶多汁**　青饲玉米不仅青枝绿叶，更重要的是汁液丰富，具有茎叶表皮较软、脆嫩、营养丰富的特点。

（4）产量高　首先是果穗产量高，果穗占全株的比例大，因此青贮饲料的营养价值就高；其次是绿色体产量高，品质好。一般专用品种的青贮玉米生物产量达到 4 吨 /667 米^{2}以上。粮食和饲料兼用型品种，每 667 米^2 产 500 千克玉米籽粒的同时可产青饲料 2 吨以上。

（5）品质好　青饲玉米的品质表现在两个方面。一是适口性，二是营养价值。适口性好，质地较高粱秸柔软，牲口爱吃，采食量大。

2. 饲用价值　与其他青饲作物相比，青饲玉米有较高的营养价值和单位面积产量。青饲玉米的营养价值首先体现在青饲料的营养价值较高。根据前苏联学者报道，蜡熟期采收的青饲玉米，干物质含量为 33.23%，饲料单位为 32.78 千克，可消化蛋白质 1.54%。根据新疆伊犁州畜牧研究所测定，辽宁省农业科学院育成的辽洋白青饲玉米新品种，青贮饲料每千克总能量为 5.58 兆焦耳，总消化养分为 0.232 千克，有机质消化率达 81.6%，消化能 4.55 兆焦耳／千克，被列为优质饲料。

青饲玉米的另一特点是单位面积产量高。根据前苏联的有关研究，青贮玉米每公顷可产 6 750 个饲料单位，而马铃薯、甜菜、苜蓿、三叶草、饲用大麦等作物的饲料单位远不及青饲玉米（表 24-1）。一般每公顷青饲玉米约有 6 000 个饲料单位，比燕麦籽粒的饲料单位多一倍，每公顷可消化蛋白质为 84 千克、钙 9 千克、磷 3 千克、胡萝卜素 90 千克，除磷含量比燕麦少以外，可消化

表 24-1　不同作物每公顷产出的饲料单位

作　物	饲料单位	作　物	饲料单位
青贮玉米	6750	羽扁豆	2800
粮食玉米	5570	苜蓿	3400
马铃薯	5250	三叶草	4200
饲用甜菜	5520	大麦	2640
豌　豆	3030	燕麦	2320

蛋白和钙比燕麦高一倍，胡萝卜素是燕麦的 60 倍。

（二）生产技术要点

1. 品种选择　根据当地生态条件，选用经国家和各省农作物品种审定委员会审定推广的高产、优质、抗逆、适应性强的优良青贮玉米品种。选用的品种应保证在当地正常年份初霜日前 5 ~ 10 天达到蜡熟初期。

（1）产量高　新品种生物产量比当地主栽品种增产 10% 以上，每 667 米^2 产量在 4 吨以上；抗或耐当地主要玉米病害如丝黑穗病、大斑病、病毒病、瘤黑粉病、纹枯病和茎腐病等；熟期适中；适宜采收期（乳熟末期至蜡熟初期）茎叶含糖量 7% 以上，蛋白质含量 1.5% 以上，含水量 70% 以下；成熟期籽粒淀粉含量 68% 以上，蛋白质含量 10% 以上，赖氨酸含量 0.4% 以上，脂肪含量 4% 以上。

（2）绿叶性好，抗倒伏　收割时全株保持绿叶状态，不黄脚。青饲料玉米种植密度大，应选择抗倒伏和不早衰的品种。

（3）果穗产量高，品质好　粮食和饲料兼用品种的粮食产量应相当于普通玉米水平。鲜穗与青饲料兼用型品种还要考虑鲜穗的商品性和适口性，如不秃尖、皮薄、含糖量和风味等。

2. 播种时期　青贮玉米的播种期，要根据各地的气候特点、栽培制度、品种特性及生产需要灵活掌握。

在北方以 5 ~ 10 厘米地温稳定在 8℃ ~ 10℃ 时播种比较适宜。5 ~ 9 月份 ≥ 10℃ 活动积温在 2 900℃ 以上的地区，最佳播种期为 4 月 15 ~ 25 日；5 ~ 9 月份 ≥ 10℃ 活动积温在 2 700℃ ~ 2 900℃ 的地区，最佳播种期为 4 月 20 ~ 30 日；5 ~ 9 月份 ≥ 10℃ 活动积温在 2 500℃ ~ 2 700℃ 的地区，最佳播种期为 4 月 25 日至 5 月 5 日；5 ~ 9 月份 ≥ 10℃ 活动积温在 2 300℃ ~ 2 500℃ 的地区，最佳播种期为 5 月 1 ~ 10 日。在适期范围内，应尽量争取早播，以利于延长青贮玉米的生育期，特别是延长营养生长期。

在青贮玉米种植面积较大的地区，为缓解劳力、机械等矛盾，可在播种适期范围内分期播种，或选用早、中、晚熟品种的合理搭配种植，做到分期收割加工。

3．种植密度　为获得最高的饲料产量，青贮玉米的种植密度要高于生产籽粒的普通玉米。株形收敛品种，每 667 米^2 保苗 3 800～4 700 株；株型繁茂品种，每 667 米^2 保苗 3 100～3 800 株。各地区应根据当地的地力、气候、品种等情况具体掌握，因地制宜。试验证明，高密度比低密度青饲料含有更多的干物质、脂肪，而粗蛋白的含量相反，无氮浸出物和粗纤维含量无明显差异。在不倒伏情况下，应尽可能增大密度以提高干物质产量，有利于青贮窖内产生合适的酸碱度，提高消化率。粮食和饲料兼用型品种以保证粮食产量为主，兼顾青饲料产量。

4．青贮玉米的施肥　因为青饲玉米的单位面积生物产量高，肥力消耗大，应多施肥，施足底肥，底肥以农家肥为主，配合氮、磷、钾化肥作口肥。施用量的确定根据青贮玉米的产量和土壤肥力而定。施氮量一般按每生产 1 000 千克青贮玉米施氮素 3～3.5 千克；施磷和施钾量依土壤肥力而定。一般土壤耕作层有效五氧化二磷（P_2O_5）含量少于 10×10^{-6} 和有效氧化钾（K_2O）含量少于 30×10^{-6} 时，按每生产 1 000 千克青贮玉米施磷 0.75～1.0 千克，施钾 2.5～3.0 千克；当土壤耕作层有效磷含量为（16～25）$\times 10^{-6}$ 和有效钾含量为（70～100）$\times 10^{-6}$ 时，按每生产 1 000 千克青贮玉米施磷 0.3～0.5 千克，施钾 1.2～1.5 千克；当土壤耕作层有效磷含量高于 32×10^{-6} 和有效钾含量高于 150×10^{-6} 时，可不施磷肥和钾肥。

施肥方法是：每 667 米^2 施用含有机质 8% 以上的农家肥 2～3 吨，结合整地一次施入。一般全部磷、钾肥和氮肥总量的 30% 用作基肥，播种前一次均匀施入；在 5～6 片叶时追施 30% 的氮肥；在大喇叭口期追施 40% 氮肥，促进中上部茎叶生长，主攻大穗，防早衰，达到蜡熟期植株仍维持青绿。偏碱性的土壤易缺锌，每 667 米 ^{2} 应增施硫酸锌 0.5 ～ 1 千克。

5. 青贮玉米的收获　青贮玉米的适期收获，一般遵循产量和质量均达到最佳的原则，同时考虑品种、气候条件等差异对收割期的影响。国内外大量研究证明，玉米绿色体鲜重以乳熟期最高，完熟期干物质最多，而单位面积所产的饲料单位和可消化的产量以蜡熟期最多。蜡熟前单位面积产生的蛋白质、脂肪、粗纤维、干物质和饲料单位随生长发育进程逐渐增加，而后逐渐老化，茎表皮变硬，汁液减少，籽粒部分硬化，适口性降低，可消化养分减少。因此，乳熟末期至蜡熟期初期是青饲料玉米的最佳收获时期（图 24-2）。如果将收割期提前到抽雄后即收割，不仅鲜重产量不高，而且过分鲜嫩的植株由于含水量高，不能满足乳酸菌发酵所需的条件，不利于青贮发酵。过迟收割，由于玉米植株黄叶比例增加，含水量降低，也不利于青贮发酵。

青贮玉米的收割部位应在茎基部距地面 3 ～ 5 厘米以上部位，因为茎基部比较坚硬，青贮发酵后牲畜不爱吃，在切碎时容易损坏刀具。另外，适当提高收割部位可以减少带入窖内的杂质、杂菌等，从而保证青贮发酵的质量。青贮玉米的收获方法，大面积种植最好采用青贮收割机。在没有青贮收割机的地区，收割青贮玉米的劳动强度大，

图 24-2　青贮玉米田间收获与测定

必须保持收割、运输、调制和装填等工作进度的一致性。

（三）贮存利用技术要点

青贮玉米的贮存利用主要是将玉米植株绿色体经收割粉碎后密封贮存，在适当的温度、水分、糖分及厌氧条件下，通过乳酸发酵的方法调制饲料（图24-3）。其作用是长期保持青贮饲料的优良品质，提高营养价值，增加适口性，节约饲料粮，以及减少物质浪费，进而降低奶牛饲养的成本，保证饲料来源。

图24-3　青贮饲料

1. **青贮窖的建造**　青贮窖又称青贮塔、青贮池。青贮窖也有直接在平地上堆贮后用塑料薄膜密封及采用袋贮的方法。但不管采用哪种形式，都必须保证青贮饲料的发酵和长期贮存所需要的条件。堆贮主要应用于无条件建窖或因玉米超产而原有青贮窖不足时使用。袋贮是将青贮玉米原料装入塑料薄膜袋内进行青贮，是我国青贮玉米新的贮藏方式，可长期自然条件下贮存，且有利于远途运输。一般选用0.1～0.2毫米厚的薄膜袋，青贮袋的大小可根据需要而定，小袋装50千克，大袋装5 000

千克。目前，我国绝大部分地区采用青贮窖的形式。有供长期使用的永久窖，也有就地挖掘或用土堆砌的临时窖。建造永久窖所需费用较高，但可免去年年修筑之劳。从集约化饲养业的需要出发，在经济条件允许的情况下，应尽可能建造永久性青贮窖。在经济条件较差的地区，就地取材或挖掘临时性的土窖，只要青贮得当，并采用塑料薄膜护壁等方法，同样能得到品质优良的青贮饲料。良好的青贮窖应具有如下特点。

（1）不透气　不管用什么材料构筑的青贮窖，必须保证窖壁严密不透气，这是调制优良青贮料的首要条件。可用水泥、石灰或其他防水材料填充、涂抹窖壁的缝隙。进料前再在窖壁内裱衬一层塑料薄膜护壁，以加强密封程度。

（2）窖内壁平滑垂直　为了利于青贮料的下沉和压实，窖内必须做到平滑垂直。否则会阻碍青贮料的下沉，使青贮料间有缝隙而存留空气，导致青贮料的霉变。

（3）窖壁不渗水　水渗入窖内，会使青贮料腐败变质。因此，地下式、半地下式或"井"字型青贮窖的底部必须高出地下水位1～2米。

除上述几个条件外，青贮窖的排列应采用双列式或多列式，可以节省建筑材料，中间的窖壁必须牢固。窖的方向以南北走向为宜，夏天开北门，防止阳光暴晒而导致青贮料变质；冬天开南门，可以减轻青贮料的受冻程度。同时，青贮窖应建在距离畜舍较近的地方，四周留有一定的空地，并修建一条坚硬的道路，以利于青贮玉米的装运。

2．入窖原料的质量要求

（1）掌握适宜的收割期　在乳熟末期至蜡熟期收割，此时期的生物学产量和可消化养分总量都较高。

（2）保持植株的新鲜和清洁　青贮玉米植株应保持青绿新鲜，不枯黄、不粘泥、不带根，收割后防止暴晒和堆压发热，收割至调运、加工应在当天完成。

（3）控制适宜的含水量　调制青贮料含水量以 70% ~ 75% 为宜，水分超过 80% 时，不仅乳酸形成明显减少，pH 值升高，养分也呈下降的趋势；如果玉米收割时过嫩或经过雨淋，应在切碎前进行适当的晾晒；如果玉米植株的含水量低于 70%，在调制时应适当加一些水，确保原料的含水量不低于 70%。

3. 青贮前的准备

①青贮窖的检查和消毒。包括清除废弃的饲料和垃圾，整理、铲平窖壁，用消毒剂或生石灰水对窖壁、窖底进行全面消毒等。

②清理疏通青贮窖的排水管道。

③准备青贮玉米的收割和运输机具，以及相关用具。

4. 青贮玉米料的调制

（1）切碎　青贮玉米入窖前必须切碎，切割得越短越有利于奶牛的消化吸收和原料的装紧压实。但从实际操作出发，青贮玉米的切割长度一般掌握在 1 ~ 1.5 厘米为好。切碎方法可采用青贮玉米专用收割机或切碎机。

（2）装紧压实　原料在装填时必须进行压实，这样才能排出原料空隙间的空气，迅速形成有利于乳酸菌繁殖的厌氧环境。装填得越紧越好，要特别注意窖壁四周和窖角处的紧密程度，以免青贮料与窖壁间留有空隙，造成青贮料的霉烂。应边装填边压实，这样才能收到较好的效果。

（3）密封　密封是为了隔绝外界空气继续与原料接触，尽快使窖内呈厌氧状态，控制好气性细菌的发酵。整窖装满压实后，必须及时封埋窖顶。可以先用青草、稻草等覆盖一层，然后用塑料薄膜覆盖，上面再覆盖草包片、草席等物，最后盖土。盖土要用湿土，并踩踏结实，厚度为 20 ~ 30 厘米，使窖顶呈馒头型，以免雨水流入窖内。封顶一周后，由于青贮料的自然沉降，往往会使密封的窖顶发生下降现象，使盖土凹陷龟裂。此时应注意雨后检查窖顶、窖边的密封情况，发现问题及时处理。

5. 添加剂的利用　为保持青贮玉米的品质和提高青贮料

的营养价值，可在原料中加入药物或营养添加剂。目前世界上65%的青贮饲料使用添加剂。添加剂的种类很多，按其作用可分为三大类。

（1）营养型添加剂 这类添加剂的作用是补充青贮玉米料的不足成分，使其充分发酵。添加剂主要有糖蜜、葡萄糖、乳糖、尿素、脂肪、植物油的混合物和乳清、萝卜渣及谷物籽实和薯类等。向青贮料中添加糖蜜，可提高干物质含量和增加乳糖浓度；添加麦芽粉、谷物粉，不但能提高青贮品质，而且有助于奶牛瘤胃发酵，防止酮血症的发生。在高水分或青贮原料质量较差时加入营养型添加剂的效果会更好。一般尿素的添加量为青贮料的 0.6% 左右，添加的方法是先将尿素溶解在 30 倍左右的水中，然后喷洒在正在装填的原料上，每隔 20 厘米左右喷洒一层，务必使尿素在整个青贮窖内充分混匀。

（2）发酵抑制型添加剂 这类添加剂主要是酸类，属化学防腐型。加入后可降低青贮料的 pH 值，直接形成适合乳酸菌繁殖的条件，抑制其他菌类的繁殖。常用的添加剂主要有盐酸、硫酸、甲酸及其盐类、胺类、有机酸和抗生素等。甲酸、丙酸、苯甲酸应用最多，效果也较好。甲酸可限制青贮料中乙酸、醋酸的产生，保存可溶性碳酸化合物成分，使水解蛋白质和脱氨基作用下降，保持青贮料的营养价值和品质。甲酸的钠盐、钙盐、铵盐（四甲酸铵）具有腐蚀性低、安全易行的优点。甲酸的添加量以 0.3% 为宜；如果收割时遭雨淋或正处于抽雄期的玉米，植株含水量较高，以 0.35%～0.40% 的添加量为宜。使用前先用 3 倍水稀释，每装填 30 厘米厚的原料喷洒一次。甲酸有刺激皮肤的作用，手工操作时必须做好防护措施。丙酸是微生物抑制剂，有抑制大多数与青贮腐败有关的微生物的作用。把丙酸加入青贮玉米中，可以明显地减轻青贮料的腐败。丙酸的使用量为 12.5 克／千克（干物质）。苯甲酸是一种保存剂，在乳、蜡熟期收割的玉米，添加量为 0.15%。添加苯甲酸后不仅使调制后的饲料适口性好，而且可清除腐败过程，防止霉菌生长，保存原料的固有特性。

（3）发酵促进型添加剂　这类添加剂在青贮原料中直接加入，增加乳酸菌在起始状态时的比例，短时间内保证乳酸发酵，是调节青贮料中微生物和生化过程安全有效的方法。有研究表明，青贮玉米添加胚芽乳酸杆菌有利于发酵，乳酸杆菌属的菌株对青贮饲料发酵较为理想。玉米青贮原料的含糖量充足时，仅添加细菌接种物即可获得良好的效果；原料质量较差时，最有效的途径是添加适量的菌株、淀粉、淀粉酶、纤维素分解酶等复合制剂。

无论添加何种添加剂，处理青贮原料的均衡性是非常重要的，尤其是化学制剂，必须拌和均匀，否则容易发生家畜中毒现象。值得特别注意的是，依靠添加剂不能挽回由于违反青贮技术操作而造成的损失。

6．含水量的调节　要调制成优良的青贮饲料，应根据收获切碎后的原料水分调整原料的水分含量。青贮玉米发酵时的最适含水量为70%～75%。加水可以在窖外进行，也可在原料装填时进行。

7．青贮玉米品质的鉴定　鉴定品质的方法主要有感官鉴定和实验室鉴定。感官鉴定的项目有青贮料的色、香、味和质地；实验室可以鉴定出青贮料的pH值、总酸度，以及乳酸、醋酸、酪酸、维生素和氨的含量等。一般生产条件下只进行感官鉴定。

8．开窖　经调制的玉米青贮料在入窖密封后40～50天即可完成发酵过程，如需饲喂即可开窖。密封良好的青贮料一般可保存数年。

开窖的方法根据窖型而定。圆形窖将上面的盖土铲除，去掉覆盖的塑料薄膜和腐烂的表层，直至露出好料。沟型窖应从下端开口，先去掉开口处上部约60厘米的盖土及其他覆盖物，并将表层腐烂的青贮料取出。地下式窖开窖后应注意做好周围的排水和覆盖工作，以免雨水或融化的雪水流入窖内，使青贮料发生霉变。

青贮料的饲喂时间，以在气温较低而又缺少青草料的季节较为适宜。气温高的季节，青贮料容易发生二次发酵或干硬变质，难以保质。北方寒冷的季节，青贮料容易结冰，也应避免在此时开窖。

9. 取料和保管 青贮料是在厌氧状态下利用发酵作用保存起来的多汁饲料，只有在缺氧状态下才能保持不变质。若与空气接触，就会导致迅速变质。气温较高的夏季，各种细菌活动旺盛，青贮料极易变质。因此，开窖后的取用和保养关系到青贮料的品质和饲用效果。

从圆形窖中取料，应自上而下一层一层地向下取，使青贮料始终保持一个平面，每天至少取出7厘米厚的一层；沟型窖应从窖一端的横断面垂直方向，由外向内一层一层地切取，不能掏洞取料。

取料工具应用专用的饲料刀、铁锹、铁叉等。如表层的青贮料因气候原因或保存不当，应及时取出抛弃，不能饲喂家畜，否则会引起意外的疾病。

开窖后，为防止窖内贮料受到风吹、日晒、雨淋和冰冻等外界条件的影响和掉入泥土等杂物，每次取料后，应立即将窖口盖严。可用木条、油毡、苇席等钉成一个略大于窖口的顶盖遮在窖口上，方便取料。也可在窖口搭一个固定的小棚，棚的一侧开一个小门，供取料时出入。

（四）适宜区域与注意事项

本技术主要适用于北方春玉米区青贮玉米的种植与加工利用，但也可作为其他玉米产区的参考。因各地自然条件等因素的差异，在利用本技术时应因地制宜科学合理利用。

二十五、玉米全程机械化生产技术

全程机械化是世界玉米生产发展的总趋势。大面积机械化生产不仅可以充分保证农时、节约劳动强度和降低生产成本，促进集约化生产，而且可以保证各项农田作业的高质量，并能改善农业生产条件。玉米全程机械化生产主要包括耕整地、播种、田间管理、收获等多个生产环节。

（一）机械化耕整地技术

土壤是玉米生长的基础，是决定产量高低的主要因素之一。合理耕作可疏松土壤，恢复土壤的团粒结构，达到蓄水保墒、熟化土壤、改善营养条件、提高土壤肥力、消灭杂草及减轻病虫害的作用，为种子发芽提供一个良好的苗床，为玉米生长发育创造良好的耕层。

1. **耕整地作业农艺要求** 耕整地的农艺要求主要有以下几点。

①耕地后要充分覆盖地表残茬、杂草和肥料，耕后地表平整、土层松碎，满足播种的要求；耕深均匀一致，沟底平整；不重耕，不漏耕，地边要整齐，垄沟尽量少而小。

②旋耕与深耕隔年轮换。机械深耕具有打破犁底层，加厚土壤耕层，改善土壤理化性状。促进土壤微生物活动和养分转化分解等作用。所以，旋耕一般要与深耕隔年或两年轮换，以解决旋耕整地耕层浅、有机肥施用困难等问题。

③旋耕与细耙相结合。深耕后的田块要结合施肥进行浅耕或者旋耕，耕深一般在 15 ~ 20 厘米，旋耕次数要在两次以上。采用重耙耙透，消除深层暗坷垃，使土壤踏实，形成上虚下实

的土壤结构。春玉米播前可起30厘米高的垄,夏玉米则无须起垄。

④结合深耕增施有机肥。有机肥可以增加土壤有机质含量,改善生产条件,培肥地力,提高土地质量。

2. 机械化耕整地方法 传统的铧式犁翻耕＋圆盘耙耙碎作业方法,可以消灭多年生杂草并实现秸秆还田,但土壤风蚀水蚀严重,加重土壤干旱。近几年国内外逐步发展了以少耕、免耕、保水耕作等为主的保护性耕作方法和联合耕作机械化旱作技术。

(1)少耕 减少土壤耕作次数和强度,如田间局部耕作、以耙代耕、以旋耕代翻耕、耕耙结合、免中耕等,大大减少了机具进地作业次数。

(2)免耕 利用免耕播种机在作物残茬地直接进行播种,或对作物秸秆和残茬进行处理后直接播种的一类耕作方法。少耕、免耕通常与深松及化学除草相结合,以达到保护性耕作的目的和效果。

(3)联合耕作 一次进地完成深松、施肥、灭茬、覆盖、起垄、播种、施药等多项作业的耕作方法。它可以大大提高作业机具的利用率,将机组进地次数降低到最低限度。

3. 耕整地机械种类 耕整地机械的种类较多,根据耕作深度和用途不同,可分为两大类:一是对整个耕层进行耕作的机械,如铧式犁、圆盘犁、全方位深松机等。二是对耕作后的浅层表土再进行耕作的整地机械,如圆盘耙、齿耙、滚耙、镇压器、轻型松土机、松土除草机、旋耕机、灭茬机、秸秆还田机等。目前常用的耕整地机具主要有以下几种。

(1)双向翻转犁 双向翻转犁与拖拉机配套使用,可在未耕原茬地上进行深层土壤和浅层土壤的翻动作业。与普通翻地犁相比增加了一组工作部件和机架翻转机构,通过翻转可以实现双向往复作业,没有沟堑,作业效率高。双向翻转犁主要由机架、翻转机构、犁体、犁体装配、限深轮等部分组成(图25-1)。

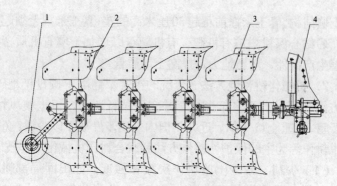

图 25-1　1LF-435 型高速双向翻转犁结构简图

1. 限深轮　2. 机架　3. 犁体　4. 翻转机构

（2）旋耕机　旋耕机（图 25-2）能一次完成耕耙作业，其工作特点是碎土能力强，耕后的表土细碎，地面平整，土肥掺和均匀，且能抢农时、省劳力。缺点是功率消耗较大，耕层较浅，翻盖质量差。

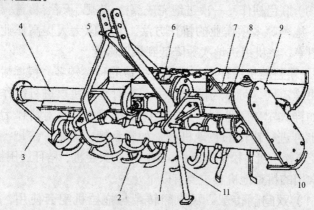

图 25-2　旋耕机的构造

1. 刀轴　2. 刀片　3. 右支臂　4. 右主梁　5. 悬挂架　6. 齿轮箱
7. 罩壳　8. 左主梁　9. 传动箱　10. 防磨板　11. 撑杆

旋耕机工作时，刀片一方面由拖拉机动力输出轴驱动做回转运动，另一方面随机组前进做等速直线运动。刀片在切土过程中，先切下土垡，抛向并撞击罩壳与平土拖板细碎后再落回地表上。机组不断前进，刀片就连续不断地对未耕地进行松碎。

（3）秸秆粉碎机　主要用于田间直立或铺放秸秆的粉碎，可对玉米秸秆及根系进行粉碎。粉碎后的秸秆自然散布均匀，作为肥料回施到地里。

（4）深松机　深松一般是指超过正常犁耕深度的松土作业，它可以破坏坚硬的犁底层，加深耕作层，增加土壤的透气和透水性，改善玉米根系生长环境。进行深松时，由于只松土而不翻土，不仅使坚硬的犁底层得到了疏松，又使耕作层的肥力和水分得到了保持。因此，深松技术可以大幅增加玉米这类根系作物的产量，是一项重要的增产技术。

①间隔深松　间隔深松能创造一个"虚实并存"的耕层构造，做到养分的释放和保存兼顾，用地和养地结合；以"虚"蓄水，以"实"供水，改变土壤的水分情况；耕层土壤中大孔隙和小孔隙的比例适当；使土壤中的水分和空气比例协调，有助于土壤的热量平衡。

②全方位深松　全方位深松能够显著改善黏重土壤的透水能力，且比阻小于犁耕，对干旱、半干旱土壤的蓄水保墒、渍涝地排水、盐碱地和黏重土的改良有良好的应用前景。

③联合深松　一次完成两种以上的作业项目，如深松与旋耕、起垄联合作业机等。联合深松主要适用于我国北方干旱、半干旱地区。以深松为主，兼顾表土松碎、松耙结合的联合作业，既可用于隔年深松破除犁底层，又可用于形成上松下实的熟地。

④振动式深松机　由机架、偏心轴、十字轴挂接器、深松铲和限深轮等组成（图25-3）。主要特点：通过偏心轴实现往复振动；动力传递由万向节和杠杆实现，简捷高效，并能放大振动位移和易于入土，而且振幅是随着耕深的增加而增大，振幅的增大有利于进一步碎土和减少工作阻力；深松铲形式为窄

凿型，能最大限度地保护土壤、减少水分蒸发。该机器可有效降低拖拉机耕作的牵引阻力，降阻百分比为13%～18%，减阻效果良好。通过对振动深松和未振动深松后土壤横断面的对比，振动深松比不振动深松拓宽了耕层，细碎了土壤，深松效果更加理想。

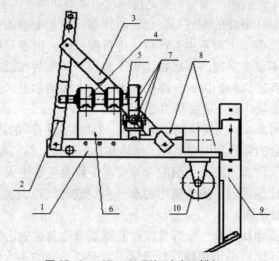

图 25-3　1SZ-460 型振动式深松机

1.机架　2.上拉杆　3.斜拉杆　4.轴承座　5.偏心轴
6.门型板　7.十字轴挂接器　8.杠杆　9.深松铲　10.限深轮

（二）机械化播种技术

一次播种保全苗是实现玉米高产、稳产的前提，采用机械化精量播种技术可以使玉米植株布局合理，提高光合作用的效率，扩大根与土壤的接触面积，有效地利用土壤养分，从而增加玉米植株干物质积累，实现增花、保穗、增籽、高产。

1. 播种作业农艺要求　播种作业应考虑到播种期、播种量、种子在田间的分布状态、播种深度和播后覆盖压实程度等农业技术要求。

（1）播期　播期对出苗、生长发育及产量都有显著影响。东北地区玉米的播种期一般在 4 月中旬到 5 月中旬。实践证明，适期早播，玉米先扎根，后长苗，根系发达，利于蹲苗壮秆。播种过早，会因地温低出苗慢，容易感染病害；播种过晚，容易贪青晚熟，遇霜减产。

（2）播量　根据种子发芽率、种植密度要求等确定，直接决定单位面积内的植株数。行距、株距和播种均匀度确定了作物田间群体与个体关系。播种量应符合要求，且要求排种量稳定，下种均匀，保证植株分布的均匀程度。穴播时每穴种子粒数的偏差应不超过规定，精密播种要求每穴一粒种子，株距精密。

（3）播深　播深是保证作物发芽生长的主要因素之一。播深要根据土壤水分和土壤质地情况确定，以镇压后计算，黑土区播种深度 3～5 厘米，白浆土及盐碱土区播种深度 3～4 厘米，风沙土区播种深度 5～6 厘米。做到播种深浅一致，籽粒入湿土。

（4）镇压　播后压实可增加土壤紧实程度，使下层水分上升，使种子紧密接触土壤，有利于种子发芽出苗。在干旱地区及多风地区适度压实是保证全苗的有效措施。

（5）其他要求　种子损伤率要小，播行直，行距一致，地头整齐，不重播，不漏播。实现联合播种时能完成施肥、喷药、施洒除草剂等作业。

2．玉米播种方法　玉米播种方法较多，但最常用的有穴播（点播）、精量播种、免耕播种等（图 25-4）。

（1）穴（点）播　穴播是将种子按规定的行距、株距、播深定点播入穴中，每穴有几粒种子，可保证苗株在田间分布均匀，提高出苗能力。

（2）精量播种　精量播种是将种子按精确的粒数、播深、间距播入土中，保证每穴种子粒数相等。精量播种可节省种子用量，减少田间间苗工作，但对种子的前期处理、出苗率、苗期管理要求较高。

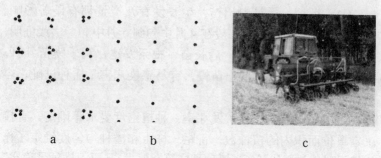

图 25-4 播种方式
a. 穴播 b. 精播 c. 免耕播种

（3）免耕播种 免耕播种是在前茬作物收获后，土地不进行耕翻或很少进行耕翻，原有的茎秆、残茬覆盖在地面，在下茬作物播种时，用免耕播种机直接在茬地上进行局部松土后播种。

这样，可减少机具投资费用和土壤耕作次数，降低生产成本，减少能耗，减少对土壤的压实和破坏，减轻风蚀、水蚀，可保持地墒，为有效消灭杂草、害虫，播种前后须喷洒除草剂和农药。此播种方法为国家示范推广项目——旱作农业中的一项内容，目前在干旱、半干旱地区有一定范围的应用。

（4）铺膜播种 铺膜播种是在种床上铺上塑料薄膜，在铺膜前或铺膜后播种，幼苗长在膜外的播种方法。先播种后铺膜，需在幼苗出土后人工破膜放苗；先铺膜后播种，需利用播种装置在膜上先打孔下种。通过铺膜，可提高并保持地温，通过选择不同颜色的薄膜还可满足不同作物的要求；可减少水分蒸发，改善湿度条件；改善植株光照，提高光合作用条件；改善土壤物理性状和肥力，抑制杂草生长。

3. 目前常用的玉米播种机具 玉米播种机按排种原理可分为机械式和气力式。目前常用的几种玉米播种机如下。

（1）机械式精量播种机 目前使用较多的是勺轮式机械精

量播种机，工作行数有 2、3、4 行等多种，可与 12 ~ 30 马力的各种拖拉机配套使用，一般采用三点悬挂装置，挂接在拖拉机后部，动力由地轮提供（图 25-5）。

图 25-5　机械式玉米精量播种机及排种器

在作业速度低于每小时 3 公里时，小型机械式播种机基本满足精量播种要求，但高于 3 公里后，重播率和漏播率较高。同时这种播种机大多无单体仿形机构，所以播种深浅不一，出苗不齐。

（2）气力式精量播种机　气力式精量播种机又分为气吸式播种机和气吹式播种机。

气吸式播种机依靠负压将种子吸附在排种盘上，种子破碎率低、适用于高速作业。但因其排种机构对气密性要求较高，结构相对较复杂（图 25-6，图 25-7）。

气吸式排种器有一个能吸附种子的垂直圆盘，盘背面是与风机吸风管连接的真空管，正面与种子接触。当吸种盘在种子室中转动时，种子被吸附在吸种盘表面吸种孔上。当吸种盘转向下方时，圆盘背面由于与吸气室隔开，种子不再受吸种盘两

图 25-6 气吸式播种盘

面压力差的作用，由于自重作用落入导种管完成排种过程。

气吹式播种机依靠正压气嘴将多余的种子吹出锥型孔，对排种机构的密封性要求不高，其结构相对简单。

气吹式排种器带有一个锥型孔的吸种圆盘，孔底部有与圆盘内腔吸风管相通的孔道，称为吸种孔，当圆盘转动时，种子从种子箱滚入

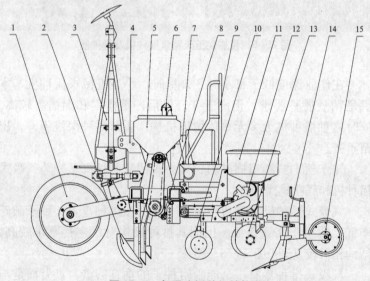

图 25-7 气吸式播种机结构图

1. 支承轮总成 2. 施肥部件 3. 划印器总成 4. 机架总成
5. 肥箱总成 6. 风机总成 7. 主吸气管 8. 传动系统 9. 脚踏板
10. 覆土装置（或除障器）11. 种箱 12. 气吸式排种器 13. 开沟圆盘
14. 犁铧组件（或覆土圆盘总成）15. 镇压机构

圆盘的锥形孔上，压气喷嘴中吹出气流压在锥型孔上，被转动圆盘运送到下部投种口处，靠自重作用落入导种管投入种沟（图25-8，图25-9）。

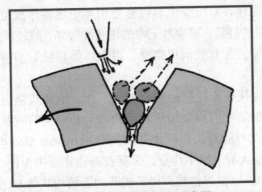

图 25-8　气吹式排种器示意图

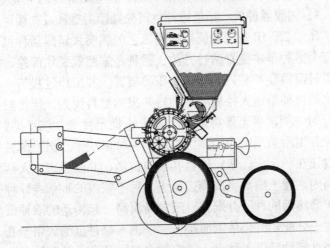

图 25-9　气吹式播种机结构图

气力式播种机的播种单体采用了平行四杆仿形机构，开沟、覆土和镇压全部采用滚动部件，田间通过性能好，各行播深一致。肥料采用侧深施方式，不烧种子。

（3）免耕播种机　免耕播种是在前茬作物收获后，土地不进行耕翻或很少进行耕翻，原有的茎秆、残茬覆盖在地面，在下茬作物播种时，用免耕播种机直接在茬地上进行局部的松土后播种。这样，可减少机具投资费用和土壤耕作次数，降低生产成本，减少能耗，减少对土壤的压实和破坏，减轻风蚀、水蚀，可保持地墒。为有效消灭杂草、害虫，播种前后须喷洒除草剂和农药。

由于直接在未经耕翻的茬地上工作，地表较坚硬，所以免耕播种须加装专门用来切断残茬和破土开种沟的破茬部件，其中波纹圆盘刀能开出 5 厘米宽的沟然后由双圆盘开沟器加深，能在湿度较大的土壤中作业，又能在高速作业中保证工作质量，其适应性较广。凿形齿或窄锄铲式开沟器结构简单，入土性能好，但易堵塞，土壤板结时容易破坏种沟，作业后地表的平整度差。

4. 铺膜播种机　铺膜播种机可先铺膜后播种或先播种后铺膜，如图 25-10 是先铺膜后播种工艺的鸭嘴式铺膜播种机。该机每个播种单体配置两行开沟、播种、施肥等工作部件，并有一塑料薄膜卷和相应的展膜、压膜装置。其工作过程为：化肥由化肥排种器送入经施肥开沟器开出的肥料沟内，使化肥施在种行的一侧，平土器将地表土及土块推出种床并填平肥料沟，同时开出两条压膜小沟，由镇压辊将种床压平。塑料薄膜经展膜辊铺在种床上，压膜辊将其横向拉紧，并使膜边压入两侧的小沟内，覆土圆盘完成膜边盖土。种子箱内的种子经输种管进入穴播滚筒的种子分配箱，随穴播滚筒一起转动的取种圆盘通过种子分配箱时，从侧面接受种子进入取种盘的倾斜型孔，并经挡盘卸种后进入种道，随穴播滚筒转动落入鸭嘴端部。当鸭嘴穿膜打孔达到下死点时凸轮打开活动鸭嘴，使种子落入穴孔，鸭嘴出土后由弹簧使活动鸭嘴关闭。此时后覆土圆盘翻起的碎土小部分经锥形滤网进入覆土推送器，横向推送至穴行覆盖在穴孔上，其余大部分碎土压在膜边。

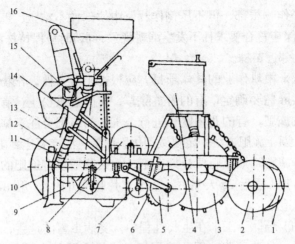

图 25-10　鸭嘴式铺膜播种机

1.覆土推送器　2.后覆土圆盘　3.穴播器　4.种子箱　5.前覆土圆盘
6.压膜辊　7.展膜辊　8.膜辊　9.平土器及镇压辊　10.开沟器　11.输肥管
12.地轮　13.传动链　14.副梁及四连杆机构　15.机架　16.肥料箱

（三）机械化田间管理技术

玉米田间管理作业是指作物在田间生长过程中，需要进行间苗定苗、除草、培土、灌溉、施肥和防治病虫害等。

1.田间管理方法

（1）化学除草　玉米田间管理的第一步就是要做好田间的化学除草。化学除草很重要，一定要注意除草剂的用法和用量，按照操作规程进行操作。

（2）中耕　中耕是在作物生长期间进行田间管理的重要作业项目，其主要目的是及时追施肥料，改善土壤状况，蓄水保墒，消灭杂草，提高地温，促使有机物的分解，为农作物的生长发育创造良好的条件。

中耕作业的农艺要求：松土良好，但土壤位移小；肥料深施在地表以下，覆盖严密；除草率高，不损伤作物；按需要将土培于作物根部，但不压倒作物；中耕部件不粘土、缠草和堵塞；耕深应符合要求且不发生漏耕现象；间苗时应保持株距一致，不松动邻近苗株。

玉米中耕作业的具体项目，应根据土壤条件，作物生长状态和实际需要确定，有的着重除草，有的着重松土，有的着重培土或施肥，有的几项联合进行。玉米的追肥要注意施肥的方法和时期，施肥方法一定要做到化肥深施，深度要达到10至15厘米。施肥时期氮肥要分期追肥，如果苗期没有追肥的要在小喇叭口期（播后25天左右，八至九片叶展开时），用40%氮肥量进行追肥。

（3）植保　玉米在生长过程中，受病虫害的危害，会使产量降低，品质下降。因此使用机具或设备防治和控制病、虫、草等危害的过程，是确保玉米高产稳产、提高玉米质量的必要措施之一。随着农用化学药剂的发展，喷施化学制剂的植保机械已日益普遍。

2．目前常用的田间管理机具　目前在我国使用较多的是通用机架中耕机，它是在一根主梁上安装中耕机组，也可换装播种机和施肥机等，通用性强，结构简单，成本低。

（1）中耕除草机械　中耕除草机的工作部件可分为锄铲式和回转式两种类型。其中锄铲式应用较广，按作用可分为：除草铲、松土铲和培土铲三种类型。

①除草铲　分为单翼铲、双翼铲两种形式（图25-11）。

单翼铲：单翼铲由倾斜铲刀和竖直护板两部分组成。前者用于锄草和松土，后者可防止伤根或断苗。因此，单翼铲总是安装在中耕单组的左右两例，将竖直部分靠近苗株，翼部伸向行间中部。没有垂直护板部分的单翼铲称为半翼铲。由于单翼铲是安装在苗株两侧，故有左翼铲、右翼铲之分。

双翼铲：双翼铲利用向左、向右后掠的两翼切断草根，左右两翼完全对称。通常置于行间中部，与单翼铲配合使用。

②松土铲 松土铲主要用于中耕作物的行间松土，有时也用于全面松土，它使土壤疏松但不翻转，一般工作深度 16 ~ 20 厘米。松土铲由铲头和铲柄两部分组成。铲头为工作部分，其种类很多，常用的有箭形松土铲、凿形松土铲、铧形松土铲和尖头松土铲等（图 25-12）。

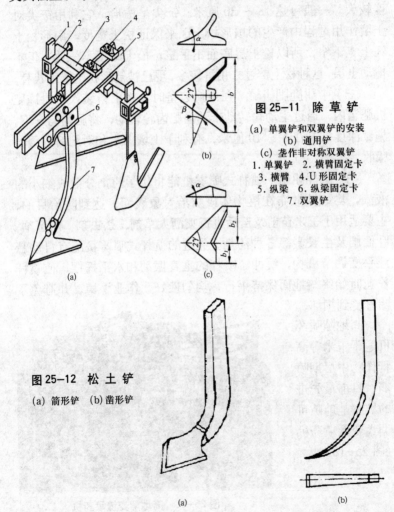

图 25-11　除草铲

(a) 单翼铲和双翼铲的安装
(b) 通用铲
(c) 垄作非对称双翼铲
1. 单翼铲　2. 横臂固定卡
3. 横臂　4. U 形固定卡
5. 纵梁　6. 纵梁固定卡
7. 双翼铲

图 25-12　松 土 铲

(a) 箭形铲　(b) 凿形铲

箭形松土铲。其铲尖呈三角形，与铲柄铆接，工作面为凸曲面，耕后土壤松碎，沟底比较平整，松土效果好，阻力比较小，在我国新设计的中耕机上，大多采用这种松土铲，应用比较广泛。

凿形松土铲。其铲尖与铲柄为一整体，也可将铲柄与铲尖分开制造，再用螺栓连接，便于磨后更换。结构简单，松土深度较大，一般可达18～20厘米。铲尖呈凿形，它利用铲尖对土壤作用过程中产生的扇形松土区来保证松土宽度，扇形松土区上宽下窄，所以松土层底面不平整，松土深度不一致，但不搅动土层，这种松土铲过去用得较多，现已被箭形松土铲所代替。

（2）中耕施肥机械　在中耕起垄时，将肥料装入中耕施肥机肥箱内，通过主动轮转动带动播肥齿轮转动，将肥均匀施下。施肥深度控制在5～10厘米，有利于土壤保水和对肥料的缓慢吸收。

（3）植保机械　喷杆式喷雾机能将化学药剂分散成细小的液滴，均匀地散布在植物体或防治对象表面，达到防治目的，主要适用于玉米苗前及苗后进行喷洒灭草剂、杀虫剂、杀菌剂、叶面肥及生长素等各种药剂。先进的喷杆式喷雾机配有自动悬浮平衡调节机构，缓冲了喷杆的垂直振动和水平摇摆，使喷杆作业时始终与地面保持平行，均匀性好，作业平稳，并避免了喷杆受到损坏。

高地隙喷药机适于玉米等高秆作物中后期喷药，目前最先进的机型是地隙可调式变量喷药机（图25-13）。

图 25-13　高地隙变量喷药机

216

(四) 机械化收获技术

我国玉米收获一般包括摘穗（剥皮）、集果、清选、秸秆粉碎等作业，而很少直接脱粒。随着社会经济的发展及机械化技术水平的提高，分段收获方式已逐步被淘汰。联合收获作业机械化程度高，可以大幅度地提高劳动生产率，降低劳动强度，减少收获损失，能及时收获和清理田地，以便下茬作物耕种，因此得到了快速发展。

1. 收获作业农艺要求　目前，我国玉米收获因受气候、地理环境及品种的影响，主要以实现摘穗为目标，极少采用直接脱粒的联合收获方式，所以一般要求收获机完成摘穗（剥皮）、集果、清选、秸秆粉碎等作业。

（1）收获时期　按照玉米成熟标准，确定收获时期。适期收获玉米是增加粒重，减少损失，提高产量和品质的重要生产环节。美国玉米一般在完熟后 2 ～ 4 周直接脱粒收获。我国玉米收获适期因品种、播期和地区而异，以在蜡熟末期后收获为佳。黄淮海夏玉米区一般适宜在 9 月下旬收获，东北春玉米区适宜在 9 月下旬至 10 月上旬收获。提前收获会影响玉米产量和品质。

（2）质量要求　机械收获籽粒损失率 ≤ 2%、果穗损失率 ≤ 3%、籽粒破碎率 ≤ 1%、苞叶剥净率 ≥ 85%、果穗含杂率 ≤ 3%；留茬高度（带秸秆还田作业的机型）≤ 10 厘米、还田茎秆切碎合格率 ≥ 85%。

我国绝大多数地区收获时玉米籽粒含水率偏高（30% 左右），因此，在没有烘干条件的情况下，使用玉米收获机作业可只完成摘穗、集箱和秸秆还田等作业，不直接脱粒。如想直接完成脱粒作业，需推迟收获期，让玉米在田间脱水到含水率只有20% 左右时再进行收获。

玉米联合机械收获适应于等行距、最低结穗高度 35 厘米、

倒伏程度 <5%、果穗下垂率 <15% 的地块作业。

2. 收获机的结构

（1）收获机的一般结构　玉米收获机一般由分禾装置、摘穗装置、输送装置、传动系统、机架及悬挂升降机构等组成（图25-14）。

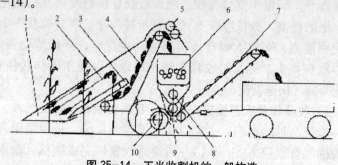

图 25-14　玉米收割机的一般构造

1. 分禾装置　2. 输送装置　3. 摘穗装置　4. 果穗第一输送器
5. 除茎器　6. 剥皮装置　7. 果穗第二输送器　8. 苞叶输送器
9. 籽粒回收装置　10. 茎秆切碎装置

（2）收获机的主要工作部件

①分禾装置　玉米茎秆经分禾扶禾装置引导，进入摘穗辊，完成摘穗工作。玉米收获不同于谷物收获，基本是一种对行收获方式，保障分禾疏导的通畅非常重要。

②摘穗装置　摘穗装置是玉米收获机的最重要工作部件之一，其作业性能直接影响收获质量。摘穗装置的功能是在尽量不破坏玉米籽粒的前提下，将玉米穗从茎秆上摘下来，实现穗茎分离。摘穗装置有对辊式摘穗机构和摘穗板与拉茎辊组合式两种。

③剥皮机构　我国生产的部分玉米收获机带剥皮功能。剥皮机构的作用是将苞叶从玉米穗上剥离，以便于后面的晾晒脱粒。在使用剥皮功能时，应注意协调好苞叶剥净率与籽粒破碎率之间的矛盾。

④分离清选装置　其作用是将混杂在玉米穗中的破碎茎秆、

玉米叶及苞叶等进行分离,提高果穗净度。目前该装置多采用鼓风分离工作方式。

3.几种典型的收获机械 我国玉米收获机主要机型有背负式和自走式,两种机型只是动力来源形式不同,工作原理相同。自走式玉米联合收获机自带动力,背负式需要与拖拉机配套使用,一次进地均可完成摘穗、剥皮、集箱、秸秆粉碎联合作业。主要由割台、输送器、粮仓、秸秆粉碎还田机等部件组成。目前,我国玉米收获机以背负式为主。

背负式价格低廉,并可充分利用现有拖拉机,一次性投资相对较少,但操控性及专业化程度不及自走式。自走式以多行为主,机型庞大、价格昂贵,投资回收期较长,但专业化程度高,作业效果好。

(1)背负式 背负式玉米收割机有2行机和3行机,其配套动力为37~44千瓦的四轮驱动拖拉机。

图25-15是一种背负式玉米收获机,主要由割台、夹持链、摘穗装置、升运器、清选排杂装置、果穗箱、挂接装置、行走机构等组成。收获机工作时,玉米秆被割台拨禾链上的拨禾齿

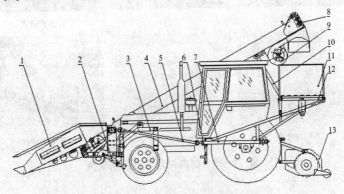

图 25-15 背负式玉米收获机

1.割台 2.割台升降油缸 3.割台架 4.升运器
5.U形传动轴 6.前机架 7.左机架 8.清选排杂装置
9.风扇 10.升运器支架 11.果穗箱 12.支架 13.秸秆粉碎机

强制拨进并由扶禾杆扶正，将植株顺利导入摘穗辊内，果穗在相向旋转的摘穗辊挤压下被摘下提升，经搅龙（或输送器）输送到果穗升运器上，经清选排杂后，收集到果穗箱内。当果穗箱满后，由箱体下面的液压油缸将果穗箱升起，把果穗倒入运输车内。玉米茎秆则被摘穗辊挤压并压倒在地面上，再被秸秆还田机粉碎还田。

（2）自走式　自走式玉米联合收获机自带动力，该类产品国内目前有三行和四行，其特点是工作效率高，作业效果好，使用和保养方便，但其用途专一。国内现有机型摘穗机构多为摘穗板—拉茎辊—拨禾链组合结构，秸秆粉碎装置有青贮型和粉碎型两种。

（3）国内外几种玉米收获机　见图25-16。

背负式　　　　　　　自走式　　　　　　　互换割台式

茎穗兼收型　　　　国外机型作业中　　　　国外摘穗台

图25-16　国内外几种玉米收获机

220

附录　玉米高产高效栽培新模式依托单位

序号	模式名称	依托单位	通讯地址	邮编	联系方式	
					联系人	email
1	夏玉米直播晚收种植技术	河北农业大学农学院	河北省保定市乐凯南大街2596号	071001	崔彦宏 杜 雄	cyh@hebau.edu.cn
2	夏玉米麦茬免耕覆盖直播技术	河北农业大学农学院	河北省保定市乐凯南大街2596号	071001	崔彦宏 杜 雄	cyh@hebau.edu.cn
3	关中灌区小麦玉米高产高效一体化栽培技术	西北农林科技大学农学院	陕西杨陵西北农林科技大学农学院	712100	薛吉全 路海东	xjq2934@yahoo.com.cn
4	冬小麦－夏玉米两熟制保护性耕作全程机械化技术	河南省土壤肥料站	郑州市农业路27号	450002	王俊忠	wangjz168@vip.sina.com
5	春玉米早熟、矮秆、耐密种植技术	辽宁省农业科学院玉米研究所	沈阳市东陵路84号	110161	李付立	njz63924812@126.com
		河南省农业技术推广总站			王延波	lnwangyanbo@163.com
					赵海岩	hyzhao6607@yahoo.com.cn
6	玉米大垄双行覆膜栽培技术	黑龙江省农业技术推广站	哈尔滨市香坊区珠江路21号	150090	张相英	zhangxiangying1@126.com

221

序号	模式名称	依托单位	通讯地址	邮编	联系方式 联系人	email
7	玉米大垄垄上行间覆膜栽培技术	黑龙江省农垦科学院作物所	佳木斯市安庆街382号	154007	李艳杰	nklyjie@163.com
	玉米宽窄行留高茬交替休闲种植模式	东北农业大学农学院	哈尔滨市香坊区木材街59号	150030	王振华	zhenhuawang_2006@163.com
8		吉林省农业科学院	长春市净月经济开发区彩宇大街1363号	130124	刘武仁	liuwuren571212@163.com
9	"三比空密疏密"种植技术模式	辽宁省农业科学院玉米研究所	沈阳市东陵路84号	110161	王延波	lnwangyanbo@163.com
					赵海岩	hyzhao6607@yahoo.com.cn
10	京郊玉米雨养节水生产技术模式	北京市农业技术推广站	北京市朝阳区惠新里高原街4号	100029	宋慧欣	shx508@sohu.com
11	内蒙古平原灌区玉米高产高效种植技术	内蒙古农业大学农学院	呼和浩特市昭乌达路306号	010018	高聚林 王志刚	zwyh@vip.imau.edu.cn
12	西南玉米雨养旱作增产技术	四川省农业科学院	成都市净居寺路20号	610066	刘永红	saaslyh@tom.com

222

续附录

序号	模式名称	依托单位	通讯地址	邮编	联系方式 联系人	联系方式 email
13	丘陵地区玉米集雨节水膜侧栽培技术	四川省农业科学院	成都市锦江区东狮子山路	610066	刘永红 杨 勤	saaslyh@tom.com
14	玉米简化高效育苗移栽技术	四川省农业科学院	成都市锦江区东狮子山路	610066	刘永红 杨 勤	saaslyh@tom.com
15	西南地区玉米宽带规范间套种植技术	四川省农业科学院	成都市锦江区东狮子山路	610066	刘永红 李 奇	saaslyh@tom.com
16	丘陵区玉米／大豆中带规范套种模式	四川农业大学	四川省雅安市西康路46号	625014	杨文钰 王小春	kgqbspanxin@126.com
17	西北旱作雨养区玉米高产高效种植技术	西北农林科技大学农学院	陕西杨陵西北农林科技大学农学院	712100	薛吉全 路海东	xjq2934@yahoo.com.cn
18	玉米全膜双垄沟播种植技术	甘肃省农技术推广总站	兰州市嘉峪关西路708号	730020	熊春蓉	705872858@qq.com

223

续附录

序号	模式名称	依托单位	通讯地址	邮编	联系人	email
					联系方式	
19	全膜双垄沟播玉米一膜两年用技术	甘肃省农业技术推广总站	兰州市嘉峪关西路708号	730020	熊春蓉	705872858@qq.com
20	宁夏引/扬黄灌区玉米高产高效种植技术	中国农科院作物科学所 宁夏农林科学院作物所	银川市永宁县王太堡	750105	王永宏	wyhnx2002-3@163.com
21	玉米滴灌种植技术	中国农科院作物科学所/石河子大学	北京市海淀区中关村南大街12号	100081	李少昆	Lishk@mail.caas.net.cn
					王克如	wkeru01@163.com
21		吉林省农业科学院	长春市净月开发区彩宇大街1363号	130124	刘慧涛	liuhuitao558@sohu.com
22	玉米并垄宽餐行膜下滴灌栽培技术	大庆市农业技术推广中心	黑龙江省大庆市让湖路区运输路		王世喜	wgshixi@sina.com
		肇州县农业技术推广中心	黑龙江省肇州县肇州镇东门外		王振栋	wangzhendong0001@163.com

224